D1698403

k:wer-Schriften

Herausgegeben von
Prof. Dr. Edmund Brandt

Redaktion:
Prof. Dr. Bernd Günter

Jan Thiele / Edmund Brandt (Hrsg.)

Aktuelle Herausforderungen der Windenergienutzung

BWV • BERLINER WISSENSCHAFTS-VERLAG

Bibliografische Information der Deutschen Nationalbibliothek

Die Deutsche Nationalbibliothek verzeichnet diese Publikation in der Deutschen Nationalbibliografie; detaillierte bibliografische Daten sind im Internet über http://dnb.d-nb.de abrufbar.

ISBN 978-3-8305-3586-7

© 2016 BWV • BERLINER WISSENSCHAFTS-VERLAG GmbH,
Markgrafenstraße 12–14, 10969 Berlin
E-Mail: bwv@bwv-verlag.de, Internet: http://www.bwv-verlag.de
Printed in Germany. Alle Rechte, auch die des Nachdrucks von Auszügen, der photomechanischen Wiedergabe und der Übersetzung, vorbehalten.

Vorwort

Die Umsetzung von Windenergievorhaben wird Jahr für Jahr schwieriger und stößt nicht selten an Grenzen, die vor gar nicht langer Zeit noch überhaupt nicht in Sicht waren. Unter den Umständen Flächen für neue Projekte zu finden und diese zu realisieren, erweist sich als eine alles andere als leicht zu bewältigende Herausforderung. Neben der Akteursvielfalt und einer starken Segmentierung bei der Sicht auf die anstehenden Probleme führt nicht zuletzt eine uneinheitliche, teilweise sogar widersprüchliche Rechtsprechung der Obergerichte zu beträchtlichen Irritationen, die sowohl auf der Makroebene – Stichwort: Umsetzung der Energiewende – als auch auf der Mikroebene problematisch sind.

Das gemeinsam von DOMBERT Rechtsanwälte und der Koordinierungsstelle Windenergierecht (k:wer) am 18.06.2015 in Braunschweig unter dem Titel „Aktuelle Herausforderungen der Windenergienutzung" durchgeführte Seminar verfolgte das Ziel, vor diesem Hintergrund auf zentralen Handlungsfeldern einen Beitrag zur Schaffung einer größeren Handlungssicherheit zu leisten.

Experten aus Wissenschaft, Technik und Rechtsberatung referierten und diskutierten zu drei Themenschwerpunkten:

- dem Spannungsverhältnis Windenergie – Luftverkehr,
- dem Umgang mit planungs- und genehmigungsrechtlichen Regelwerken, Empfehlungen und Konventionen,
- neuen Instrumenten zum Umgang mit Nutzungskonflikten.

Für den Tagungsband wurden die Beiträge überarbeitet, teilweise auch ergänzt. Dabei wurde besonderer Wert darauf gelegt, neben der präzisen Herausarbeitung der spezifischen Problemlagen konkrete, für die Praxis nutzbare Lösungsansätze aufzuzeigen.

Allen, die mit ihren Beiträgen zum Erfolg der Tagung beigetragen haben und an der Erstellung der vorliegenden Schrift beteiligt waren, sei hiermit herzlich gedankt.

Potsdam/Braunschweig, November 2015

Rechtsanwalt Dr. Jan Thiele
DOMBERT Rechtsanwälte

Prof. Dr. Edmund Brandt
Leiter der Koordinierungsstelle
Windenergierecht (k:wer)

Inhaltsverzeichnis

Edmund Brandt
Das Spannungsfeld Luftverkehrsrecht – Windenergieanlagen.
Folgerungen vor dem Hintergrund der neueren Rechtsprechung................. 1

Jan Thiele
Windenergie contra DWD – Was sagt die aktuelle Rechtsprechung?............. 27

Sebastian Willmann
Das neue Helgoländer Papier... 51

Janko Geßner
Der Niedersächsische Windenergieerlass und
die Fortschreibung der Raumordnungsprogramme 73

Frank Albrecht
Windparkplanung in der Flurbereinigung ... der etwas andere Weg.............. 95

Laurens Bockemühl/Anne Gaertner
UVS und FFH-Verträglichkeitsprüfung im Genehmigungsverfahren
unter besonderer Berücksichtigung artenschutzrechtlicher Aspekte 101

Günter Ratzbor
Raumnutzungsanalyse – Ausweg aus dem Dilemma
„signifikant erhöhtes Tötungsrisiko"? 113

Autoren 137

Edmund Brandt

Das Spannungsfeld Luftverkehrsrecht – Windenergieanlagen. Folgerungen vor dem Hintergrund der neueren Rechtsprechung

I. Einleitung

Mit den jüngsten Entscheidungen des *OVG Lüneburg*[1] hat sich die Diskussion im Spannungsfeld Schutz von Flugsicherungseinrichtungen einerseits – Genehmigung von Windenergieanlagen andererseits weiter verschärft.[2]

Aus rechtlicher Sicht handelt es sich um folgende zentrale Konfliktbereiche:

- Auslegung des Tatbestandsmerkmals „... wenn dadurch Flugsicherungseinrichtungen gestört werden können" (§ 18a LuftVG)
- Bedeutung der gutachtlichen Stellungnahme der DFS Deutsche Flugsicherung GmbH
- Bedeutung der Entscheidung des Bundesaufsichtsamts für Flugsicherung (BAF)
- Bindungswirkung der Entscheidung des BAF für die Genehmigungsbehörde
- Gerichtliche Überprüfbarkeit
  · der gutachtlichen Stellungnahme der DFS
  · der Entscheidung des BAF
  · der Entscheidung der Genehmigungsbehörde und
  · Reichweite der Überprüfung.

Im vorliegenden Beitrag werden die einzelnen Fragen der Reihe nach in der Weise behandelt, dass zunächst der Diskussionsstand entfaltet und dann unter Heranziehung der juristischen Auslegungsregeln eine Klärung versucht wird. Im Einzelnen geht es um die Auslegung von § 18 Abs. 1 Satz 1 LuftVG (unter II.), die Herausarbeitung der Bedeutung der gutachtlichen Stellungnahme der DFS (unter III.), die Herausarbeitung der Bedeutung der Entscheidung des BAF (unter IV.) sowie übergreifend die Klärung der gerichtlichen Überprüfbarkeit (unter V.). Abgerundet wird der Beitrag durch eine Zusammenfassung (unter VI.).

---

1 *OVG Lüneburg*, Urt. v. 03.12.2014 – 12 LC 30/12, juris, sowie Beschl. v. 22.01.2015 – 12 ME 39/14, juris.
2 Bereits nach einer Erhebung des Bundesverbandes WindEnergie vom August 2013 wurden durch geltend gemachte Belange der Flugsicherheit Windprojekte von mehr als 3.500 MW blockiert: https://www.wind-energie.de/verband/fachgremien/arbeitskreise/luftverkehr-und-radar.

II. Auslegung von § 18 Abs. 1 Satz 1 LuftVG

Im Standardkommentar zum Luftverkehrsgesetz (LuftVG)[3] gehen *Meyer/Wysk* davon aus, dass der baulichen Anlage[4] abstrakt gesehen eine **Eignung zur Störung** [Hervorhebung im Original] von Flugsicherungseinrichtungen nicht von vornherein abzusprechen sein dürfe.[5] Notwendig, aber auch ausreichend sei die Möglichkeit der Störung von Flugsicherungseinrichtungen. Der Begriff der Störung meine eine für ihre Funktion tatsächlich nachteilige Einwirkung. Da es um erst geplante Bauwerke gehe, könne die Einwirkung nicht bereits vorliegen und sei nicht empirisch – etwa durch Messungen – festzustellen, ob das Tatbestandsmerkmal erfüllt sei, sondern durch eine Prognose zu klären. Dabei genüge es, wenn sich die Störung als hinreichend wahrscheinlich erweise. Das sei der Fall, wenn sie konkret absehbar sei. Die bloß abstrakte Möglichkeit einer solchen Einwirkung, die auf allgemeinen Erfahrungssätzen über das generelle Störungspotenzial von Bauwerken im Nahbereich von Flugsicherungseinrichtungen fuße, reiche nicht aus.[6]

Die Versagungsbefugnis hänge nicht davon ab, dass durch das Bauwerk eine konkrete und unmittelbare Gefahr für die Sicherheit des Luftverkehrs begründet oder verstärkt werde. Die Gefahr werde bei Einwirkungen auf Flugsicherungseinrichtungen vielmehr gesetzlich vermutet. Das sei sachlich ohne Weiteres gerechtfertigt: Die Wahrung der Belange der Sicherheit des Luftverkehrs gebiete ein auf weite Sicht auszurichtendes Überlegen und Planen, das sich stets danach auszurichten habe, eine sichere, flüssige und geordnete Abwicklung des Luftverkehrsgesetzes zu gewährleisten.[7] Daher seien auch sich zukünftig erst ergebende Gefährdungen, die von durch Bauwerke gestörten Flugsicherungseinrichtungen ausgehen könnten, relevant. Dabei gelte – wie stets im Recht der Gefahrenabwehr und Risikovorsorge – im Sinne einer negativen Korrelation zwischen dem Grad der Wahrscheinlichkeit des Störungseintritts einerseits und dem dabei prognostizierten Störungsausmaß andererseits der Grundsatz: Je größer das zu erwartende Ausmaß der Störung und die daraus resultierenden Folgen seien, desto geringere Anforderungen seien an die Wahrscheinlichkeit des Eintritts der Störung zu stellen. Vor dem Hintergrund sei zu berücksichtigen, dass Störungen der Luftverkehrssicherheit in aller Regel weitreichende und gegebenenfalls sogar katastrophale Auswirkungen auf zentrale verfassungsrechtliche Schutzgüter im Sinne des Art. 2 Abs. 2 Satz 1 GG hätten.[8]

In ihrem Gutachten zur Flugsicherheitsanalyse der Wechselwirkungen von Windenergieanlagen und Funknavigationshilfen DVOR/VOR der Deutschen Flugsicherung GmbH[9] wird vergleichsweise ausführlich auf die Frage nach der Rechtsnatur und -wirkung

---

3 *Grabherr/Reidt/Wysk*, Luftverkehrsgesetz: LuftVG. Kommentar (Loseblatt), Stand: Juni 2013.
4 Als Bauwerke i. S. v. § 18a LuftVG werden künstlich hergestellte physische Anlagen gefasst (*Meyer/Wysk,* in: *Grabherr/Reidt/Wysk*, LuftVG, § 18a Rn. 6).
5 *Meyer/Wysk,* in: Grabherr/Reidt/Wysk, LuftVG, § 18a Rn. 6.
6 *Meyer/Wysk, in:* Grabherr/Reidt/Wysk, LuftVG, § 18a Rn. 9.
7 Ebenda – unter Verweis auf § 27c Abs. 1 sowie § 12 Abs. 4 LuftVG.
8 Ebenda.
9 *Hüttig* u. a., Flugsicherheitsanalyse der Wechselwirkungen von Windenergieanlagen und Funknavigationshilfen DVOR/VOR der Deutschen Flugsicherung GmbH, Berlin, 01.06.2014.

von Entscheidungen des BAF ausgegangen.[10] Im Vergleich dazu finden sich zum Tatbestandsmerkmal „Störung" nur einige wenige kursorische Hinweise.

Sobald eine Störung von Flugsicherungseinrichtungen möglich sei, konstatieren die Autoren ein unmittelbar gesetzlich angeordnetes Bauverbot.[11] Der Gesetzgeber scheine hier die Abwägungsentscheidung selbst getroffen zu haben, indem er dem Funktionieren der Flugsicherung einen so hohen Stellenwert eingeräumt habe, dass jede Abwägungsentscheidung immer nur zugunsten der Flugsicherung ausfallen könne.[12]

In der gutachtlichen Stellungnahme von *Battis/Moench/von der Groeben*[13] zur Bedeutung des Errichtungsverbots des § 18a bei der Genehmigung wird lediglich ausgeführt, es sei nicht notwendig, dass eine Störung sicher eintrete. Sie müsse allerdings im konkreten Einzelfall mit einer gewissen Wahrscheinlichkeit zu erwarten sein. Das Luftverkehrsgesetz mache keine besonderen Vorgaben hinsichtlich der Prognoseentscheidung.[14] Nicht gesagt wird, woraus die Autoren ableiten, dass a) eine Prognoseentscheidung zu treffen sei und b) woraus sich erheben soll, dass die Störung mit einer gewissen Wahrscheinlichkeit zu erwarten sein muss.[15]

Das *OVG Lüneburg* referiert als übereinstimmende Auffassung, dass zur Erfüllung des gesetzlichen Tatbestands die Möglichkeit der Störung einer Flugsicherungseinrichtung reiche. Der Begriff der Störung meine eine für die Funktion der Einrichtung nachteilige Einwirkung. Ob eine solche zu erwarten sei, sei – weil es um geplante Bauwerke gehe – durch eine Prognose zu klären.[16] Zu der Frage, wann anzunehmen sei, dass Flugsicherungseinrichtungen durch Bauwerke gestört werden könnten, ergebe sich aus § 18a LuftVG nichts. Insgesamt fehlten dazu gesetzliche oder anderweitige rechtlich konkretisierende Festlegungen. Von daher sei unter Berücksichtigung aller maßgeblichen Umstände des Einzelfalls festzustellen, wann die Möglichkeit einer für die Funktion der Flugsicherungseinrichtung nachteiligen Einwirkung den Begriff erfülle. Eine konkrete und unmittelbare Gefahr für die Sicherheit des Luftverkehrs bzw. die Wahrscheinlichkeit eines konkreten Schadenseintritts sei nicht erforderlich. Bei Einwirkungen auf Flugsicherungseinrichtungen werde eine Gefahr gesetzlich vermutet. Die Wahrung der Belange der Sicherheit des Luftverkehrs gebiete es, die anzustellenden Überlegungen an einer sicheren,

---

10 Siehe dazu weiter unten unter IV.
11 *Hüttig* u. a., Flugsicherheitsanalyse, S. 67.
12 Ebenda. Aus den Ausführungen wird nicht deutlich, wo überhaupt der Anknüpfungspunkt für eine Abwägung liegen soll. Unklar ist weiterhin, was sich hinter der Formulierung, der Gesetzgeber scheine die Abwägungsentscheidung selbst getroffen zu haben, verbergen soll.
13 *Battis/Moench/von der Groeben*, Zur Bedeutung des Errichtungsverbots des § 18a LuftVG bei der Genehmigung von Windenergieanlagen, Berlin, 6. November 2014, S. 17.
14 Ebenda.
15 Im weiteren Verlauf referieren die Autoren sodann bezüglich der möglichen Störung die vom *VG Hannover* in seinem Beschl. v. 21.12.2010 – 12 B 3465/10 entwickelte zweistufige Prüfung, wonach eine Störung erstens voraussetzt, dass die Windenergieanlage die Funktion der – im konkreten Fall – Radaranlage nachteilig beeinflussen könne. Zweitens sei erforderlich, dass die Beeinflussung die Funktion der Radaranlage für den ihr zugewiesenen Zweck in nicht hinnehmbarer Weise einschränke. Auf der zweiten Stufe könnten wertende Kriterien berücksichtigt werden (a. a. O., S. 17f.).
16 (Fn. 1), *juris*, Rn. 50, 67.

flüssigen und geordneten Abwicklung des Luftverkehrs auszurichten. Dabei seien auch erst zukünftig sich ergebende Gefährdungen, die von durch Bauwerke gestörten Flugsicherungseinrichtungen ausgehen könnten, zu berücksichtigen. Störungen der Luftverkehrssicherheit könnten weitreichende Auswirkungen auf verfassungsrechtliche Schutzgüter im Sinne des Art. 2 Abs. 2 Satz 1 GG haben. Auch dies sei bei der Frage, welche Anforderungen an die Wahrscheinlichkeit einer Störung zu stellen seien, zu bedenken.[17]

Sowohl die Vorgehensweise als auch die erzielten Befunde divergieren beträchtlich. Vor dem Hintergrund erscheint es geboten, die Auslegung konsequent methodenstreng vorzunehmen und dabei nach der normativen Ausgangslage (dazu unter 1.) und der Heranziehung von Hilfsgrößen (dazu unter 2.) zu unterscheiden.

1. Normative Ausgangslage

Eine Legaldefinition des Begriffs „Störung" gibt es im LuftVG in der Tat nicht. Die Begriffsklärung hat demzufolge mit Hilfe der üblichen Auslegungsregeln zu erfolgen. Dabei erweist sich die Wortsinninterpretation durchaus als ergiebig.

Die auf den Alltagssprachgebrauch ausgerichteten Synonyme lauten zum einen „Beeinträchtigung, Behelligung, Behinderung, Belästigung, Unterbrechung", zum anderen „Defekt, Panne, Problem, Schaden, Schädigung". Ausgedrückt wird also ein negativ besetzter bereits eingetretener Zustand.

Im Polizei- und Ordnungsrecht ist der Störungsbegriff in unmittelbarer Nachbarschaft zum Gefahrenbegriff – definiert als eine Sachlage, in der bei ungehindertem Ablauf des objektiv zu erwartenden Geschehens in absehbarer Zeit mit hinreichender Wahrscheinlichkeit ein Schaden für eines der Schutzgüter (öffentliche Sicherheit bzw. Ordnung) eintreten wird[18] – angesiedelt. Störung meint in dem Zusammenhang die bereits realisierte Gefahr.[19] Mit einer anderen Formulierung wird Störung als eine in Zukunft fortbestehende Gefahr umschrieben.[20] Entsprechend wird im Energiewirtschaftsrecht Störung zeitlich nach einer Gefährdung verortet; sie setzt voraus, dass sich die Gefährdung tatsächlich verwirklicht hat.[21]

Da § 18a LuftVG erst geplante Bauwerke zum Gegenstand hat, kann die – abzuwendende – Beeinträchtigung noch nicht eingetreten sein. Es geht vielmehr um einen möglichen, zukünftigen Zustand, zu dem es nicht kommen soll. Dieser Zustand bezieht sich auf das Funktionieren der oben aufgezählten Flugsicherungseinrichtungen. Deren reibungsloses Funktionieren soll gewährleistet werden. Weitergehende qualitative Abstufungen sieht die Bestimmung nicht vor, auch wird keine wie auch immer geartete zeitliche Er-

---

17 (Fn. 1), *juris*, Rn. 53.
18 Siehe dazu zusammenfassend *Schoch*, in: Schmidt-Aßmann/Schoch (Hrsg.), Besonderes Verwaltungsrecht, 2008, S. 285 ff.
19 Ebenda.
20 Ebenda.
21 *Tüngler*, in: Kment (Hrsg.), Energiewirtschaftsgesetz: EnWG. Kommentar, 2015, § 13 Rn. 17. Eine Störung im Sinne von § 13 Abs. 1 EnWG bezeichnet demnach einen örtlichen Ausfall des Übertragungsnetzes, einen kurzfristigen Engpass oder einen Fehler bei der Aufrechterhaltung der Frequenz, Spannung oder Stabilität (ebenda).

streckung verlangt. Die Beeinträchtigung der Flugsicherungseinrichtung muss also weder dauerhaft sein, noch wird vorausgesetzt, dass es zur Auswechselung von Komponenten kommt. Der Begriff Störung in § 18a Abs. 1 ist danach per se weit gefasst.

Einschränkungen des weiten Begriffsverständnisses könnten sich gegebenenfalls durch die verbale Einbettung durch das „werden können" ergeben. Darauf ist nunmehr einzugehen.

Soweit hier von Belang, bedeutet „können" laut *Duden* „möglicherweise der Fall sein, in Betracht kommen". Ausgeschlossen ist damit von vornherein, dass die Störung mit Sicherheit eintreten muss. Die Frage spitzt sich deshalb darauf zu, wie wahrscheinlich es sein muss, dass es zu einer Störung kommt, und welche Parameter insoweit eine Rolle spielen.

Soll das Wort „können" bzw. das Synonym „imstande sein" sich nicht als völlig sinnentleert darstellen, reicht die bloße theoretische Konstruktion, die nicht weiter belegbare (und belegte) Möglichkeit nicht aus; andererseits bedarf es keiner unmittelbaren Gefahr für den Störungseintritt. Wäre Letzteres zu verlangen, hätte der Gesetzeswortlaut ein „Drohen", „unmittelbar bevorstehend" oder „mit hinreichender Wahrscheinlichkeit zu erwarten" oder dergleichen enthalten müssen.

Zwischenergebnis:

Mit Hilfe der Wortsinninterpretation ist eine erste Annäherung im Hinblick auf die Klärung des Bedeutungsgehalts der Wörter „werden können" erreicht worden. Eine endgültige Klärung ist jedoch noch nicht zustande gekommen. Deshalb müssen weitere Auslegungsansätze herangezogen werden.

Im Rahmen der systematischen Interpretation ist § 27c LuftVG heranzuziehen, wonach die Flugsicherung der sicheren, geordneten und flüssigen Abwicklung des Luftverkehrs dient. Diese Querverbindung wird auch im Rahmen der teleologischen Auslegung eine Rolle spielen.[22] Inwieweit sich auf die Weise eindeutige Maßstäbe für die abschließende Klärung des Bedeutungsgehalts der Wörter „werden können" ableiten lassen, erscheint indes zweifelhaft: Die grundsätzlich bestehende Zielorientierung, was die Flugsicherung allgemein und Flugsicherungseinrichtungen im Besonderen anbelangt, steht außer Zweifel. Worum es bei der Feinjustierung geht, ist gerade die Ermittlung der Reichweite bzw. Ausstrahlung der Schutzgüter, die in § 27c Abs. 1 LuftVG aufgeführt sind. Anders als vom *OVG Lüneburg* zugrunde gelegt, kann in dem Zusammenhang freilich nicht ausschließlich auf die verfassungsrechtlichen Schutzgüter Leben und Gesundheit i. S. des Art. 2 Abs. 2 Satz 1 GG rekurriert werden. Vielmehr sind die ebenfalls im Raum stehenden Grundrechte aus Art. 12 Abs. 1 und Art. 14 Abs. 1 GG (unternehmerische Betätigungsfreiheit, Eigentum) in die Betrachtung miteinzubeziehen.

Soweit es die Passagiere von Luftfahrzeugen betrifft, sind danach als überragende Schutzgüter Leben und Gesundheit, abgesichert durch Art. 2 Abs. 2 Satz 1 GG, in die Ab-

---

22 So auch *OVG Lüneburg* (Fn. 1), Rn. 53: „Die Wahrung der Belange der Sicherheit des Luftverkehrs gebietet es, die anzustellenden Überlegungen an einer sicheren, flüssigen und geordneten Abwicklung des Luftverkehrs auszurichten (§ 27c Abs. 1 LuftVG)," sowie *Battis/ Moench/von der Groeben,* Zur Bedeutung des Errichtungsverbots des § 18a LuftVG, S. 25 f.

wägung einzustellen, wobei angesichts der Hochwertigkeit der Schutzgüter gegebenenfalls nur sehr geringe Anforderungen an die Wahrscheinlichkeit zu stellen sind. Anders als vom *OVG Lüneburg* in seinem Beschluss von Januar 2015 zugrunde gelegt,[23] scheidet die DFS als Grundrechtsträgerin aus: Bei der Erstellung eines Gutachtens für das BAF fungiert sie als Verwaltungshelferin und wird als solche zur Erledigung von Verwaltungsaufgaben herangezogen.[24] Dass die DFS zugleich Eigentümerin von Flugsicherungseinrichtungen ist, ist in dem Zusammenhang unerheblich.

Als kollidierende Schutzgüter bleiben demnach Art. 12 Abs. 1 und Art. 14 Abs. 1 GG (unternehmerische Betätigungsfreiheit und Eigentum). Daraus resultierende Spannungsverhältnisse zwischen divergierenden Grundrechten bewältigt das *Bundesverfassungsgericht* in ständiger Rechtsprechung mit Hilfe des Grundsatzes praktischer Konkordanz.[25] Der Grundsatz fordert, dass nicht eine der widerstreitenden Rechtspositionen bevorzugt und maximal behauptet wird, sondern alle einen möglichst schonenden Ausgleich erfahren.[26] Speziell zu Art. 12 Abs. 1 GG hat das *Bundesverfassungsgericht* vor nicht allzu langer Zeit ausgeführt, es sei ein Ausgleich herbeizuführen, bei dem die Freiheit der einen mit der Freiheit der anderen in Einklang zu bringen sei. Kollidierende Grundrechtspositionen seien hierfür in ihrer Wechselwirkung zu erfassen und – unter Berücksichtigung des sozialstaatlichen Auftrags – eben nach dem Grundsatz der praktischen Konkordanz so in Ausgleich zu bringen, dass sie für alle Beteiligten möglichst weitgehend wirksam werden.[27]

Würde man jede theoretische Möglichkeit einer Beeinträchtigung der Flugsicherung bei der Auslegung von § 18a Abs. 1 Satz 1 LuftVG genügen lassen, könnte Art. 12 Abs. 1 GG überhaupt nicht mehr zur Entfaltung gelangen und es käme gerade nicht zu einem verhältnismäßigen Ausgleich der gegenläufigen Interessen mit dem Ziel ihrer Optimierung.[28] Auf ein solches Auslegungsergebnis kann es also nicht hinauslaufen.

Allerdings verfügt der Gesetzgeber für die Herstellung des danach zu erzielenden Ausgleichs über einen breiten Beurteilungs- und Gestaltungsspielraum.[29] Wie er die Interessenlage bewertet, das heißt, wie er die einander entgegenstehenden Belange und Ausmaß ihrer Schutzbedürftigkeit bewertet, liegt prinzipiell in seiner politischen Verantwortung.[30] Zu einer Grundrechtsverletzung kommt es erst dann, wenn eine Grundrechtsposition einer anderen in einer Weise untergeordnet wird, dass in Anbetracht der Bedeutung und Tragweite des betroffenen Grundrechts von einem angemessenen Ausgleich nicht mehr gesprochen werden kann.[31]

---

23 (Fn. 1), Rn. 23.
24 Zum Status der DFS ausführlich unten unter III. 1.
25 Siehe dazu *von Münch/Kunig,* Grundgesetz-Kommentar: GG, Band 1, 2012, Vorb Art. 1–19, Rn. 50.
26 Siehe etwa *BVerfGE* 28, 243 (260 f.), 41, 29 (50), 52, 231 (247, 251), 93, 1 (18).
27 *BVerfG,* Beschl. v. 23.10.2013 – 1 BvR 1842/11 C sowie – 1 BvR 1843/11, Rn. 68, m. w. N.
28 So aber das grundsätzliche Postulat des *BVerfG.* Siehe etwa *BVerfGE* 81, 278 (292).
29 Zur auch insoweit ständigen Rechtsprechung des *BVerfG* siehe nur *BVerfGE* 97, 169 (176), sowie 129, 78 (101).
30 *BVerfGE* 81, 242 (255), sowie 97, 169 (176 f.).
31 *BVerfGE* 97, 169 (176 f.).

Eine derartige gesetzgeberische Festlegung findet sich in § 27c Abs. 1 LuftVG, wenn es dort heißt, dass die Flugsicherung der sicheren, geordneten und flüssigen Abwicklung des Luftverkehrs dient. Die sichere Abwicklung des Luftverkehrs ist gewährleistet, wenn sein Ablauf durch kein schädigendes Ereignis bedroht wird, also keine Gefahrenlage eintritt.[32] Danach sind die Flugsicherungsorganisationen verpflichtet, die hinreichende Sicherung des Luftverkehrs einschließlich der Vorhaltung der der Flugsicherung dienenden Anlagen zu gewährleisten. Hinsichtlich der nie ganz auszuschließenden Risiken gilt das Minimierungsgebot.[33] Welches Risiko noch hinnehmbar ist, kann sich an gesetzlichen Vorgaben nicht orientieren; insoweit finden sich keine Festlegungen.[34] Soll es nicht ausschließlich auf Einzelfallentscheidungen hinauslaufen, gilt es deshalb, allgemein anerkannte Standards zu ermitteln.[35]

Fraglich ist, welche allgemein anerkannten Standards das sein können.

2. Heranziehung von Hilfsgrößen

Der vom BAF herausgegebene Leitfaden zum Prüfungs- und Genehmigungsverfahren[36] kommt dafür nicht in Frage.

Auch wenn die dort im Indikativ gehaltenen Formulierungen den Eindruck erwecken, als würde es sich um feststehende normative Anforderungen handeln, ist es schon mit Blick auf die Stellung des BAF ausgeschlossen, dass hier anerkannte Standards gesetzt sein könnten: Dem BAF ist gemäß § 18a Abs. 1 Satz 2 LuftVG die Aufgabe zugewiesen, im Einzelfall darüber zu entscheiden, ob durch die Errichtung der Bauwerke Flugsicherungseinrichtungen gestört werden können. Es hat demzufolge Normen anzuwenden und nicht die Befugnis, sie zu schaffen. Insoweit können die zitierten Vorgaben einen rechtlichen Stellenwert nur dann bekommen, wenn damit anerkannte Standards referiert werden.

Derartige Standards finden sich in der Tat in den Anhängen zum Chicagoer Abkommen über die Internationale Zivilluftfahrtorganisation (ICAO) für die Durchführung der zur Flugsicherung festgelegten Standards (Richtlinien) und Empfehlungen (recommended practices) sowie den ergänzenden technischen Veröffentlichungen.[37] Maßgeblich ist hier das Europäische Anleitungsmaterial zum Umgang mit Anlagenschutzbereichen.[38]

---

32 *Risch,* in: Grabherr/Reidt/Wysk, LuftVG, § 27c Rn. 26.
33 Wie hier *Risch,* in: Grabherr/Reidt/Wysk, LuftVG, Rn. 29.
34 Wie hier *Risch,* ebenda.
35 So auch *OVG Lüneburg* (Fn. 1), Rn. 55.
36 *Bundesaufsichtsamt für Flugsicherung,* § 18a LuftVG. Anlagenschutzbereiche der Flugsicherung. Ein Leitfaden zum Prüfungs- und Genehmigungsverfahren, Langen, Dezember 2014.
37 So auch *Risch,* in: Grabherr/Reidt/Wysk, LuftVG, Rn. 29.
38 *Internationale Zivilluftfahrtorganisation,* Europäisches Anleitungsmaterial zum Umgang mit Anlagenschutzbereichen, ICAO EUR DOC 015, 2. Ausgabe 2009, Deutsch 7.2011.

Im Anhang 4[39] des Europäischen Anleitungsmaterials zum Umgang mit Anlagenschutzbereichen heißt es:

"... geplante Windkraftvorhaben sollten bis zu einer Entfernung von 15 km von der Navigationsanlage geprüft werden. ...
In der Regel bestehen keine Einwände gegen Windkraftvorhaben mit einer einzigen Windkraftanlage, die mehr als 5 km von einer Navigationsanlage entfernt ist und von Vorhaben mit weniger als sechs Windkraftanlagen, die mehr als 10 km von einer Navigationsanlage entfernt sind. Wenn die VOR-Leistung jedoch bereits grenzwertig ist, kann auch dies unzulässig sein. Wenn sich innerhalb der 15-km-Zone bereits eine oder mehrere Windkraftanlagen befinden, ist bei der Prüfung neuer Vorhaben die kumulative Wirkung aller Windkraftanlagen zu berücksichtigen. ... Mit den oben dargestellten Worst-Case-Annahmen kann in Computersimulationen überprüft werden, welche Auswirkungen Windkraftanlagen auf VOR-Anlagen haben. Bei der Entscheidung über die Zulässigkeit von Windkraftvorhaben muss genau überlegt werden, welches Maß an Leistungsbeeinträchtigungen geduldet werden kann. Hierbei sind die für eine VOR-Anlage zulässigen Fehlertoleranzen zu berücksichtigen. ... Zur Festlegung einer geeigneten Toleranz für Windkraftvorhaben müssen die oben beschriebenen Flugvermessungstoleranzen sowie die maximalen Radialfehler an der Bodenstation berücksichtigt werden, einschließlich möglicher Nordausrichtungsfehler aufgrund von Veränderungen in der Ortsmissweisung. Ebenfalls zu berücksichtigen sind die aufgrund anderer Mehrwegequellen bestehenden Peilfehler und der Grad der betrieblichen Nutzung der Anlage im betreffenden Sektor. ... Wenn man alle diese Faktoren berücksichtigt, wird deutlich, dass ein geplantes Vorhaben nicht zu einer Kursablage von 3,5° und mehr führen darf. ..."

Dem Anhang 4 kann ein grundsätzlich bestehendes Errichtungsverbot im Umkreis von 15 km zu einer Navigationsanlage nicht entnommen werden. Vielmehr werden dort gestufte Prüfvorgaben gemacht und wird erläutert, wie die Prüfungen durchzuführen sind. Das Dokument macht eine eingehende Einzelfallprüfung also nicht nur nicht entbehrlich, es sieht sie sogar ausdrücklich vor.

---

39 Ebenda: Anhang 4 – Prüfung von Windkraftanlagen im Hinblick auf ihren Einfluss auf Navigationsanlagen, S. 5 f.

III. Bedeutung der gutachtlichen Stellungnahme der DFS

1. Status der DFS

Die DFS ist eine der Flugsicherungsorganisationen in Deutschland. Es handelt sich um eine GmbH, die errichtet wurde, nachdem die ursprüngliche Bundesanstalt für Flugsicherung (BFS) privatisiert worden war.[40] Zum einen agiert die DFS als privatwirtschaftliches Unternehmen. Zu ihren Geschäftsfeldern gehören u. a. die Entwicklung und der Betrieb von Navigationssystemen.[41] Die Einrichtungen, die die Fluggeräte mit Positions- und Zeitinformationen versorgen, sind sog. Navigationsdienste. Dazu gehören auch Drehfunkfeuer.[42] Nach § 27c Abs. 2 Satz 3 LuftVG sind Unterstützungsdienste keine hoheitliche Aufgabe des Bundes. Sie werden vielmehr als privatwirtschaftliche Dienstleistung erbracht.

Zugleich nimmt die DFS auf der Grundlage der Ermächtigung in § 31b Abs. 1 Satz 1 LuftVG hoheitliche Aufgaben der Flugverkehrsdienste wahr.[43] Insoweit wird die DFS als mit Hoheitsbefugnissen ausgestatteter Beliehener tätig.[44] Das betrifft allerdings nicht die von ihr zu erbringende Stellungnahme im Rahmen von § 18a Abs. 1 LuftVG. *Federwisch/Dinter*[45] folgern daraus, dass es sich deshalb um eine privatwirtschaftliche Dienstleistung (§ 27 Abs. 2 S. 2, 3 LuftVG) handle. Dabei wird allerdings verkannt, dass § 18 Abs. 1 Satz 2 LuftVG eine Rechtspflicht der DFS begründet, auf Anforderung des BAF ein Gutachten zu erstellen.[46] Die DFS ist demnach tatsächlich in den Verwaltungsvollzug einer Behörde – BAF – eingeschaltet, sie tritt aber nicht nach außen auf, Zuständigkeit und Verantwortung verbleiben bei der BAF.[47]

Im Rahmen der durch § 18a Abs. 1 LuftVG vorgegebenen Abläufe fungiert die DFS also als Verwaltungshelferin.

2. Das Tatbestandsmerkmal „... auf der Grundlage einer gutachtlichen Stellungnahme ..."

§ 18a Abs. 1 Satz 2 LuftVG legt Weg und Zuschnitt der Entscheidungsvorbereitung fest:

---

40 Zusammenfassend dazu *Schwenk/Giemulla*, Handbuch des Luftverkehrsrechts, 2013, S. 120 ff.
41 Dazu umfassend *DFS Deutsche Flugsicherung*, Geschäftsbericht 2014, o. J. (2015).
42 Hierzu und zum Folgenden siehe zusammenfassend *Battis/Moench/von der Groeben*, Zur Bedeutung des Errichtungsverbots des § 18a LuftVG, S. 13 ff.
43 Verordnung zur Beauftragung eines Flugsicherungsunternehmens vom 11.11.1992 (BGBl. I S. 1928, zuletzt geändert durch Art. 3 des Gesetzes vom 24.08.2009 (BGBl. I S. 2942).
44 So auch *Battis/Moench/von der Groeben*, Zur Bedeutung des Errichtungsverbots des § 18a LuftVG, S. 14, sowie *VG Oldenburg*, Beschl. v. 05.02.2014 – 5 B 6430/13, *juris*, Rn. 17.
45 *Federwisch/Dinter*, NVwZ 2014, S. 403 (405).
46 So ausdrücklich auch *Meyer/Wysk*, in: Grabherr/Reidt/Wysk, LuftVG, § 18a, Rn. 33, mit Ausführungen zu den Möglichkeiten, diese Rechtspflicht durchzusetzen.
47 Zur Abgrenzung Beliehener – Verwaltungshelfer siehe *Maurer*, Allgemeines Verwaltungsrecht, 2011, S. 625 f.

Bevor das BAF die – eigene – Entscheidung trifft, ist ein Gutachten einzuholen. Sofern die DFS im konkreten Fall die Funktion der Flugsicherungseinrichtung wahrnimmt, handelt es sich um die Stellungnahme dieser Einrichtung, die vorzuliegen hat, bevor das BAF seinerseits den Entscheidungsprozess startet.

Grundlage meint in dem Zusammenhang gemäß Wortsinnauslegung, dass die Stellungnahme der DFS den Ausgangspunkt, die Basis, das Fundament, den Grundstock der Entscheidung des BAF bildet.[48] Grundlage wird dort weiter umschrieben als etwas, „von dem man ausgehen kann, auf dem sich etwas aufbauen, von dem sich etwas ableiten lässt".[49]

Wie oben[50] dargelegt, wird die DFS bei der Erstellung des Gutachtens als Verwaltungshelfer tätig. Am Ende steht eine Verwaltungsentscheidung; an der Entstehung einer solchen Verwaltungsentscheidung wirkt die DFS mit. Durch die Aussagen, die sie trifft, werden Rechtspositionen nicht verändert. Es handelt sich also – lediglich – um ein Verwaltungsinternum ohne eigene Rechtsqualität.

3. Rechtliche Konsequenzen

Ohne dass es weitergehender Ausführungen insoweit bedürfte, folgt bereits aus der Wortsinninterpretation[51], dass eine wie auch immer geartete rechtliche Bindungswirkung aus dem Gutachten nicht abgeleitet werden kann.[52]

In der Literatur wird in dem Zusammenhang geltend gemacht, das privatwirtschaftliche Interesse der DFS schlage sich möglicherweise in der Begutachtung der Störung nach § 18a LuftVG nieder.[53] Auch wenn dem so sein sollte, wäre das für die Beantwortung der Frage nach der Bindungswirkung der gutachtlichen Stellungnahme irrelevant: Sofern das BAF die Aussagen in dem Gutachten nicht übernimmt, versteht sich das von selbst. Selbstverständlich gilt das aber auch dann, wenn eine kritische Würdigung stattfindet und das BAF am Ende zu einer in der Sache abweichenden Auffassung gelangt. Aber selbst dann, wenn das BAF gewissermaßen 1:1 das Gutachten der DFS übernimmt, ist rechtlich maßgebend allein die **Entscheidung** des BAF. Allein auf sie kommt es an und nur sie unterliegt – im Rahmen der etwaigen Überprüfung der Genehmigungsentscheidung[54] – einer Überprüfung.

Anders formuliert: Als an Recht und Gesetz gebundene Verwaltungseinrichtung ist das BAF verpflichtet, die rechtliche Korrektheit des verwaltungsinternen Ablaufs zu gewährleisten. In dem Zusammenhang steht naturgemäß auch das Gutachten der DFS auf dem Prüfstand. Im Außenverhältnis spielt das Gutachten der DFS als verwaltungs-

---

48 Siehe *Duden*, Das Bedeutungswörterbuch, 4. Aufl., 2010, S. 445.
49 Ebenda.
50 Unter 1.
51 Siehe dazu oben unter 2.
52 Soweit ersichtlich einhellige Auffassung, siehe zuletzt *Battis/Moench/von der Groeben*, Zur Bedeutung des Errichtungsverbots des § 18a LuftVG, S. 15 ff., m. w. N.
53 *Battis/Moench/von der Groeben*, Zur Bedeutung des Errichtungsverbots des § 18a LuftVG, S. 15 f.
54 Siehe dazu unter IV.

interne Hilfsgröße keine eigenständige Rolle. Sollten verfahrens- oder materiellrechtliche Standards zu kritisieren sein, sind es diejenigen, die in der Entscheidung des BAF zum Ausdruck kommen.

IV. Bedeutung der Entscheidung des BAF

Sowohl für die Handlungs- als auch für die Kontrollebene sind Status des BAF und namentlich die Rechtsqualität und -wirkung seiner Entscheidung gemäß § 18a Abs. 1 Satz 2 LuftVG von erheblicher Bedeutung. Man kann in dem Zusammenhang durchaus von einer Schlüsselstellung und Scharnierfunktion sprechen. Sukzessive sind deshalb im Folgenden die damit verbundenen Fragen zu behandeln.

1. Status des BAF

Durch Gesetz vom 29.07.2009[55] wurde das Bundesaufsichtsamt für Flugsicherung als Bundesoberbehörde im Geschäftsbereich des Bundesministeriums für Verkehr, Bau und Stadtentwicklung errichtet. Soweit es nach § 18a Abs. 1 Satz 2 LuftVG entscheidet, ob durch die Errichtung der Bauwerke Flugsicherungseinrichtungen gestört werden können, handelt es sich um einen Gesetzesvollzug in Bundesverwaltung und somit um eine originäre Aufgabenwahrnehmung gemäß Art. 87d Abs. 1 Satz 1 GG.[56]

Wird das BAF gemäß § 18a Abs. 1 Satz 2 LuftVG tätig, bildet die Grundlage der schon erwähnte Leitfaden zum Prüfungs- und Genehmigungsverfahren.[57] Untersucht wird danach der genaue Standort, die Form und Größe des geplanten Bauwerks mit Blick auf die Flugsicherungseinrichtung, bereits im Schutzbereich vorhandene Bauwerke sowie die Beurteilung der Schwere einer möglichen Beeinträchtigung der Sicherheit des Luftverkehrs durch weitere Bauwerke.[58]

2. Das Tatbestandsmerkmal „Entscheidung"

Soweit explizit dazu Stellung genommen wird, geht die einhellige Meinung in Literatur und Rechtsprechung dahin, jedenfalls die Verwaltungsaktqualität zu verneinen.[59]

---

55 BGBl. I 2009 S. 2424.
56 So auch *OVG Lüneburg* (Fn. 1), Rn. 82.
57 *Bundesaufsichtsamt für Flugsicherung*, § 18a LuftVG. Anlagenschutzbereiche der Flugsicherung.
58 *Bundesaufsichtsamt für Flugsicherung*, § 18a LuftVG. Anlagenschutzbereiche der Flugsicherung, S. 3.
59 Stellvertretend sei nur genannt *Battis/Moench/von der Groeben*, Zur Bedeutung des Errichtungsverbots des § 18a LuftVG, S. 11 f., sowie *OVG Lüneburg* (Fn. 1) Rn. 83. Ebenso *VG Hannover*, Urt. v. 22.09.2011 – 4 A 1052/10, BeckRS 2011, 56908, S. 8 f. und *VG Düsseldorf*, Urt. v. 24.07.2014 – 11 K 3648/12, juris, Rn. 33. Ebenso *Meyer/Wysk*, in: Grabherr/Reidt/Wysk, LuftVG, § 18a Rn. 35.

An der Richtigkeit dieser Auffassung kann kein ernsthafter Zweifel bestehen: In § 35 Satz 1 VwVfG wird Verwaltungsakt definiert als „jede Verfügung, Entscheidung oder andere hoheitliche Maßnahme, die eine Behörde zur Regelung eines Einzelfalls auf dem Gebiet des öffentlichen Rechts trifft und die auf unmittelbare Rechtswirkung nach außen gerichtet ist". Da eine Reihe von Handlungsformen der Verwaltung gerade dadurch definiert werden, dass ein Merkmal des Verwaltungsakts nicht gegeben ist,[60] müssen kumulativ alle Merkmale erfüllt sein, damit die Verwaltungsaktqualität angenommen werden kann. Ersichtlich fehlt es bei der Entscheidung des BAF aber an der Außenwirkung: Nach § 18a Abs. 1 Satz 3 teilt das BAF seine Entscheidung der zuständigen Luftfahrtbehörde des Landes mit, und die Landesluftfahrtbehörde informiert die zuständige Genehmigungsbehörde. Ein direkter Kontakt zwischen dem BAF und dem Antragsteller findet nicht statt, er wird folglich auch nicht gemäß § 28 VwVfG als möglicher Betroffener angehört.[61]

Nicht ganz so eindeutig wie die Ablehnung der Verwaltungsaktqualität ist ihre Klassifizierung im Kontext der für das Verwaltungshandeln zur Verfügung stehenden Handlungsformen:[62]

Das *OVG Lüneburg* sieht darin eine „verwaltungsinterne ... Maßnahme".[63] *Battis/ Moench/von der Groeben*[64] gelangen zu einer Einstufung als „vorbereitende Entscheidung", „unselbständige Mitwirkungshandlung" bzw. „behördeninterne Mitwirkungshandlung im Rahmen eines gestuften Verwaltungsverfahrens".

Das *OVG Lüneburg*[65] spricht an anderer Stelle von dem „Charakter eines Tatbestandsmerkmals für die Auslösung dieses Errichtungsverbots" bzw. als „Verwaltungsinternum". Der Terminus „Verwaltungsinternum" findet sich auch bei *Meyer/Wysk*.[66] An anderer Stelle findet sich die Klassifizierung als „behördliche Verfahrenshandlung."[67]

Für die Frage der Rechtsschutzgewährung ist die Abgrenzung Verwaltungsakt – Nicht-Verwaltungsakt von maßgeblicher Bedeutung. Im hier interessierenden Zusammenhang ist mit der Verneinung der Verwaltungsaktqualität klar, dass eine isolierte Anfechtung der Entscheidung des BAF durch den Antragsteller nicht möglich ist. Vielmehr kann sie nur gemäß § 44a Satz 1 VwGO gleichzeitig mit dem gegen die Sachentscheidung zulässigen Rechtsbehelf angegriffen werden.[68] Die richtige Klageart ist dann die Verpflichtungsklage gemäß § 42 Abs. 1, 2. Alt. VwGO, nämlich gerichtet auf die Erteilung der immissionsschutzrechtlichen Zulassung.[69]

---

60 *Wolff/Brink*, in: Bader/Ronellenfitsch (Hrsg.), Verwaltungsverfahrensgesetz: VwVfG. Kommentar, 2010, § 35, Rn. 14.
61 Vor dem Hintergrund kann dahingestellt bleiben, ob auch andere Merkmale, die erfüllt sein müssten, um die Verwaltungsaktqualität bejahen zu können, gegeben sind.
62 Siehe dazu zusammenfassend *Maurer,* Allgemeines Verwaltungsrecht, S. 358 ff.
63 *OVG Lüneburg* (Fn. 1), Rn. 83.
64 *Battis/Moench/von der Groeben*, Zur Bedeutung des Errichtungsverbots des § 18a LuftVG, S. 11f.
65 *OVG Lüneburg* (Fn. 1), Rn. 85 f.
66 *Meyer/Wysk*, in: Grabherr/Reidt/Wysk, LuftVG, § 18a Rn. 35 bzw. Rn. 50.
67 *Meyer/Wysk*, in: Grabherr/Reidt/Wysk, LuftVG, Rn. 50.
68 So auch *Meyer/Wysk*, in: Grabherr/Reidt/Wysk, LuftVG, Rn. 50.
69 *Meyer/Wysk*, ebenda.

Ob es sich lohnt, über die Klassifizierung der Entscheidung als Nicht-Verwaltungsakt hinaus zu einer präziseren, womöglich differenzierten Einstufung zu gelangen, hängt davon ab, ob sie rechtlich folgenreich ist. Das ist dann der Fall, wenn sich aus einer solchen Einstufung Folgerungen bzw. Argumente für die sogleich[70] zu erörternde Frage, ob das BAF über eine verbindliche Entscheidungskompetenz verfügt, gewinnen lassen. Insoweit könnte man – mit aller Vorsicht – die folgende Argumentationslinie entfalten: Wenn im Wissen darum, was es bedeutet, eine Handlungsform der Verwaltung so auszugestalten, dass es ersichtlich an der Verwaltungsakteigenschaft fehlt – spätestens mit der Formulierung in § 18a Abs. 1 Satz 3, dass das BAF die zuständige Luftfahrtbehörde des Landes informiert – ist, wie dargelegt, die Außenwirkung nicht gegeben, spricht einiges für das Vorliegen einer nicht maßgeblichen Meinungsäußerung. *Wolff/Brink*[71] meinen, eine Vermutung dergestalt zu sehen, dass die Verwaltung diejenige Handlungsform gewählt habe, die das materielle Recht vorgebe. Soweit das anzuwendende Recht eine Regelung durch Verwaltungsakt vorsehe, sei im Zweifel davon auszugehen, dass die Behörde eine solche treffen und nicht nur eine (letztlich unverbindliche) Meinung äußern oder eine Handlung ohne Anspruch auf abschließende Verbindlichkeit vornehmen wolle. Gleiches gelte im umgekehrten Fall: Wolle das Gesetz keine Entscheidung durch Verwaltungsakt, so sei im Zweifel davon auszugehen, dass ein Akt nicht als verbindliche abschließende Regelung gedacht sei.[72]

Ob diese Darlegungen dazu führen, die „Entscheidung" gemäß § 18a Abs. 1 Satz 2 LuftVG letztlich zu einer „vorbereitenden Entscheidung"[73] werden zu lassen, bedarf einer eingehenden Erörterung.

3. Rechtliche Konsequenzen

An dieser Stelle stehen sich die Auffassungen diametral gegenüber:

Hüttig u. a.[74] sprechen beispielsweise die „endgültige und abschließende Entscheidung"[75] ausschließlich dem BAF zu. Der Gesetzgeber habe ein gesetzliches Bauverbot erlassen. Bei Vorliegen der Voraussetzungen sei eine Abwägung durch die Verwaltung nicht statthaft. In den Fällen des Zustimmungserfordernisses gemäß den §§ 12, 14 LuftVG könne hingegen eine Abwägungsentscheidung getroffen werden. Dann könne eine Errichtung selbst unter Auflagen möglich sein. Die Fiktionswirkung § 12 Abs. 2 Satz 3 LuftVG könne nur zugunsten einer Entscheidung eintreten, die der Abwägung zugänglich sei. Nur in einem solchen Fall könne es überhaupt auf eine Zustimmung ankommen. Bei einer Störung lege der Gesetzgeber aber eine einzige und ausnahmslose Rechtsfolge – nämlich das Bauverbot – fest. Dann könne aber auch keine Fiktionswirkung eintreten, wonach ein gesetzlich bestehendes Bauverbot doch nicht bestehen soll. Im Übrigen sei für

---

70 Unter 3.
71 *Wolff/Brink,* in: Bader/Ronellenfitsch (Hrsg.), VwVfG, § 35 VwVfG, Rn. 21.
72 Ebenda, unter Berufung auf *Kopp/Ramsauer,* VwVfG. Kommentar, 2014, § 35, Rn. 20.
73 So *Battis/Moench/von der Groeben,* Zur Bedeutung des Errichtungsverbots des § 18a LuftVG, S. 12.
74 *Hüttig* u. a., Flugsicherheitsanalyse, S. 89 ff.
75 *Hüttig* u. a., Flugsicherheitsanalyse, S. 89.

eine zügige Verfahrensabwicklung die Fiktionswirkung des § 12 Abs. 2 Satz 3 LuftVG nicht notwendig. Bereits nach § 10 VwVfG seien sowohl das BAF als auch jede Flugsicherungsorganisation in ihrer Funktion als Beliehene zur zügigen Durchführung des Verwaltungsverfahrens verpflichtet.

Ergänzend weisen die Autoren darauf hin,[76] dass nach § 13 BImSchG gesetzliche Bauverbote wie das des § 18a LuftVG nicht von der Konzentrationswirkung der immissionsschutzrechtlichen Entscheidung erfasst werden. Daran kann sich auch nichts dadurch ändern, dass dieses Bauverbot durch eine behördliche Entscheidung (hier die des BAF) ausgelöst werde.

Zuletzt haben insbesondere *Battis/Moench/von der Groeben*[77] sowie *Sittig/Falke*[78] der Genehmigungsbehörde – und nicht dem BAF – die sog. Letztentscheidungskompetenz zugesprochen. Begründet wird dies vornehmlich damit, die Entscheidung des BAF sei kein Verwaltungsakt, die immissionsschutzrechtliche Genehmigung entfalte gemäß § 13 BImSchG eine Konzentrationswirkung, aus der unterschiedlichen Ausgestaltung der Mitwirkungsformen bei § 18a LuftVG einerseits und den §§ 12, 14 und 17 LuftVG andererseits folge die Letztentscheidungskompetenz der Genehmigungsbehörde, und dafür spreche schließlich auch der Normzweck des § 18a LuftVG sowie das Rechtsstaatsprinzip sowie die Garantie effektiven Rechtsschutzes bei behördlichen Entscheidungen (Art. 20 Abs. 3 und 19 Abs. 4 GG).

Ausführlich zur Bindungswirkung der Entscheidung des BAF hat sich das *OVG Lüneburg* geäußert.

Aus dem Wortlaut, der Gesetzessystematik und der Entstehungsgeschichte ergebe sich, dass es sich bei der in § 18a Abs. 1 Satz 2 LuftVG vorgesehenen Entscheidung des BAF, ob durch die Errichtung der Bauwerke Flugsicherungseinrichtungen gestört werden können, um eine verbindliche, abschließende Regelung und damit um ein „Mehr" im Vergleich mit einer gesetzlichen Mitwirkungsbefugnis etwa in Form einer Zustimmung handle.

Nach dem Wortlaut der Vorschrift entscheide das BAF auf der Grundlage einer gutachtlichen Stellungnahme der Flugsicherungsorganisation, ob durch die Errichtung der Bauwerke Flugsicherungseinrichtungen gestört werden können. Eine Entscheidung beinhalte eine Wahl zwischen Alternativen oder unterschiedlichen Varianten. Ihr komme die Funktion einer letztverbindlichen Regelung und damit eine größere Durchsetzungsmacht zu als einer Zustimmung, einer Einwilligung oder einem Einverständnis.

Dieses Ergebnis werde durch die Gesetzessystematik bestätigt. Die fehlende Zustimmung nach §§ 12 und 14 LuftVG könne unter bestimmten Voraussetzungen fingiert werden. Eine entsprechende Fiktionsregelung fehle in § 18a LuftVG. Das sei schlüssig und spreche dafür, dass die Frage, ob durch die Errichtung der Bauwerke Flugsicherungseinrichtungen gestört werden können oder nicht, auch nur durch eine tatsächliche Ent-

---

76 *Hüttig* u. a., Flugsicherheitsanalyse, S. 90.
77 *Battis/Moench/von der Groeben,* Zur Bedeutung des Errichtungsverbots des § 18a LuftVG, S. 11 f., 23 ff.
78 *Sittig/Falke,* ER 2015, S. 17 ff.

scheidung des BAF beantwortet werden könne, sie also – anders als bei den erwähnten Zustimmungstatbeständen – nicht fingiert oder ohne Weiteres „ersetzt" werden könne.[79]

Dafür, dass die Frage, ob durch die Errichtung der Bauwerke Flugsicherungseinrichtungen gestört werden können oder nicht, (nur) durch eine Entscheidung des BAF zu beantworten sei, lasse sich auch die Entstehungsgeschichte ins Feld führen.

Schließlich würden auch teleologische Gesichtspunkte für die Anerkennung einer verbindlichen „Entscheidungskompetenz" des BAF sprechen. Bei ihm handle es sich um eine Fachbehörde, bei der gebündelte Fachkompetenz angesiedelt sei. Das BAF entscheide als Bundesoberbehörde und nach einheitlichen Maßstäben auf der Grundlage einer vertieften fachtechnischen Analyse darüber, ob durch zu errichtende Bauwerke Flugsicherungseinrichtungen gestört werden könnten.[80] Mit einer angeblichen Konzentrationswirkung nach § 13 BImSchG lasse sich eine Prüfungs- und Letztentscheidungsbefugnis der Immissionsschutzbehörde nicht begründen. Nach überwiegender und überzeugender Ansicht seien verwaltungsinterne Mitwirkungsakte im immissionsschutzrechtlichen Genehmigungsverfahren von der Konzentrationswirkung ausgenommen, weil § 13 BImSchG mit dem Begriff der „Entscheidungen" nur außenwirksame Akte meine. Wenn in Teilen der Literatur als befremdlich empfunden werde, dass so gesehen zwar die meist gewichtigeren Zustimmungsakte mit Verwaltungsaktcharakter von der Konzentrationswirkung erfasst würden, nicht aber die weniger gewichtigen internen Zustimmungsakte, so möge dahinstehen, ob insoweit Bedarf für Klarstellung durch den Gesetzgeber und zur Ausräumung eines Widerspruchs bestehe.[81]

Die unterschiedlichen, ja letztlich völlig gegensätzlichen Befunde stützen sich im Wesentlichen auf die gleichen Normelemente. Beispielhaft seien nur genannt

– das Verhältnis zu dem Zustimmungserfordernis in den §§ 12, 14 LuftVG,

– die Änderung von § 18a LuftVG im Jahre 2009,

– die Rechtsqualität der Entscheidung des BAF,

– das Verhältnis der Regelung in § 18a Abs. 1 LuftVG zu § 13 BImSchG und der dort verankerten Konzentrationswirkung,

– verfassungsrechtliche Implikationen, namentlich im Hinblick auf Art. 19 Abs. 4, 20 Abs. 3, 12 Abs. 1 und 14 Abs. 1 GG.

Dabei werden implizit oder explizit juristische Auslegungsregeln bemüht, allerdings stets nur ausschnittweise. Auf einer anderen Ebene liegen ersichtlich Erwägungen rechtspolitischer Art, wenn Ausformungen des geltenden Rechts für nicht zweckmäßig erachtet und Klarstellungen durch den Gesetzgeber für sinnvoll erachtet werden. Für die Auslegung der maßgeblichen Bestimmungen des geltenden Rechts spielen derartige Überlegungen keine Rolle. Vielmehr geht es im Kern darum, die Rechtsbindung der öffentlichen Gewalt an das geltende Recht als zentraler Ausprägung des Rechtsstaatsprin-

---

79 *OVG Lüneburg* (Fn. 1), Rn. 83.
80 *OVG Lüneburg* (Fn. 1), Rn. 86.
81 *OVG Lüneburg* (Fn. 1), Rn. 87.

zips zu gewährleisten (Art. 20 Abs. 3 GG). Sie gehört zu den elementaren Elementen des Rechtsstaatsprinzips. Ihnen kann nur dann Rechnung getragen werden, wenn in einer Weise der Sinn des Gesetzes erforscht wird, dass damit dem entsprochen wird, was im Gesetz ausgedrückt worden ist.[82] Angesichts der Vielgestaltigkeit von Sprache, derer sich das Gesetz bedient, bedarf es zwingend bestimmter Vorgehensweisen, mit deren Hilfe die Gesetzesbindung im konkreten Fall auch tatsächlich durchgesetzt wird. Anders formuliert: Es kann keine Beliebigkeit für die Normadressaten bestehen, ohne Weiteres auf einen bestimmten Auslegungsansatz zurückzugreifen oder gar einen neuen zu kreieren. Ob sich daraus ein bestimmtes Verhältnis der Methoden zueinander, auch eine einzuhaltende Reihen- bzw. Rangfolge bei ihrer Heranziehung ergibt, ist hoch umstritten.[83]

Darauf ist hier nicht im Einzelnen einzugehen. Sollte sich nämlich ergeben, dass ein bestimmtes Sachverhaltselement nach dem Sprachgebrauch einem bestimmten gesetzlichen Begriff zweifellos zugeordnet werden oder unzweifelhaft nicht zugeordnet werden kann, weil auch die weiteste sprachübliche Bedeutung überschritten würde, kann es nicht mehr Material für die weitere Prüfung sein.[84] Wird diese äußerste Begrenzungslinie nicht beachtet, mutiert die (zulässige) Interpretation nämlich zu einer (unzulässigen) Umdeutung.

Für die hier zu beantwortende Frage ergibt sich daraus:
Nach *Duden*[85] ist eine Entscheidung entweder „a) (die) Lösung eines Problems durch eine hierfür zuständige Person oder Instanz ..." oder „b) das sich Entscheiden für eine von mehreren Möglichkeiten". Als Synonyme werden genannt bei a) „Spruch, Urteil", bei b) „Entschluss, Wahl."[86] Zum Verb „entscheiden" finden sich folgende Ausdeutungen: 1. a) „(in einer Sache) ein Urteil fällen; zu einem abschließenden Urteil kommen ... b) ... bestimmen ... c) ... in einer bestimmten Richtung festlegen, den Ausschlag (für etwas) geben ... 2. ... zwischen mehreren Möglichkeiten wählen, eine Entscheidung treffen ... 3. ... sich endgültig herausstellen, zeigen ...".[87] Als Synonyme werden genannt: „befinden über (...)", „bestimmen" (bezogen auf 1.), „sich entschließen, wählen, eine Entscheidung fällen, eine Entscheidung treffen, einen Beschluss fassen, einen Entschluss fassen, sich schlüssig werden, zu einem Entschluss kommen" (zu 2.) sowie „sich erweisen, sich herausstellen, sich zeigen" (zu 3.).[88]

Allen Ausdeutungen gemeinsam sind zwei Komponenten: die mit diesem Akt verbundene zeitliche Kappung einer Entwicklung, eines Verlaufs sowie die (gerade für Dritte) bestehende Verbindlichkeit, „Nicht-Mehr-Diskutierbarkeit" des Akts. Damit nicht vereinbar sind Ausdeutungen, die dem Handeln des BAF an der Stelle lediglich den Charakter

---

82 Nur am Rande sei erwähnt, dass ein davon abweichendes Verhalten auch gegen den Gleichheitsgrundsatz in Art. 3 Abs. 1 GG verstoßen würde.
83 Siehe dazu zusammenfassend *Smeddinck,* Rechtliche Methodik: Die Auslegungsregeln, 2013, S. 22, m. w. N.
84 Grundlegend *BVerfGE* 71, 115; 87, 224. Aus der Literatur siehe insbesondere *Bydlinski,* Juristische Methodenlehre und Rechtsbegriff, 1991, S. 437, und schon früh *Larenz,* Methodenlehre der Rechtswissenschaft, 1983, S. 307.
85 *Duden,* Das Bedeutungswörterbuch, S. 320.
86 Ebenda.
87 Ebenda.
88 Ebenda.

einer vorbereitenden Mitwirkungshandlung in einem gestuften Verwaltungsverfahren zuschreiben möchten,[89] zwischen einer vorbereitenden Entscheidungs- und Letztentscheidungskompetenz differenzieren wollen,[90] oder Folgerungen daraus ableiten, dass das BAF die Entscheidung „lediglich" der zuständigen Luftfahrtbehörde mitteile.[91] Auch die weiteste sprachübliche Bedeutung des Begriffs „Entscheidung" lässt derartige Interpretationen nicht zu.

Anders formuliert: Angesichts des erzielten abschließenden Befundes auf der Basis der Wortsinninterpretation ist für Erwägungen, die sich aus anderen Auslegungsansätzen speisen mögen, kein Raum mehr. Etwas anderes würde nur dann gelten, wenn der erzielte Befund zu einem Verfassungsverstoß führen würde, selbiger aber durch eine andere Interpretation vermieden werden könnte. Angesprochen ist damit das Problem der verfassungskonformen Auslegung und Anwendung eines Gesetzes.[92]

Mangels Verwaltungsaktsqualität ist – wie dargelegt – die Entscheidung des BAF tatsächlich nicht isoliert anfechtbar.[93] Das hat jedoch keineswegs eine Nichtüberprüfbarkeit zur Folge. Vielmehr unterliegt sie im Rahmen der gerichtlichen Überprüfung der abschließenden Entscheidung der Genehmigungsbehörde einer vollständigen gerichtlichen Kontrolle.[94] Offenbar handelt es sich um eine Verwechselung der Ebenen, wenn aus der Tatsache der Qualifizierung als Verwaltungsinternum (und eben nicht eines Verwaltungsakts) gefolgert wird, nunmehr sei eine materiellrechtliche Überprüfung nicht möglich. Von daher bedarf es keiner anderen Auslegung des Begriffs „Entscheidung", um Erfordernissen des Rechtsstaatsprinzips und insbesondere der Rechtsschutzgarantie entsprechen zu können.

Die gleichen Erwägungen haben auch in Bezug auf einen möglichen Verstoß gegen Art. 12 Abs. 1 bzw. 14 Abs. 1 GG zu gelten: Sämtliche Aspekte, die die unternehmerische Betätigungs- bzw. Eigentumsfreiheit betreffen, unterliegen einer uneingeschränkten gerichtlichen Überprüfung. Auch von daher besteht keine Veranlassung zu einer wie auch immer gearteten verfassungskonformen Interpretation des Begriffs „Entscheidung" und daran anknüpfend der Regelungsstruktur des § 18a Abs. 1 LuftVG.

V. Gerichtliche Überprüfbarkeit

Im Einzelnen geht es hier um die gerichtliche Überprüfbarkeit der gutachtlichen Stellungnahme der DFS (dazu unter 1.), der Entscheidung des BAF (dazu unter 2.) sowie schließlich der Entscheidung der Genehmigungsbehörde (dazu unter 3.).

---

89 So aber *Battis/Moench/von der Groeben,* Zur Bedeutung des Errichtungsverbots des § 18a LuftVG, S. 23.
90 *Battis/Moench/von der Groeben,* Zur Bedeutung des Errichtungsverbots des § 18a LuftVG, S. 23 ff.
91 Ebenda.
92 Der Aspekt klingt an bei *Battis/Moench/von der Groeben,* Zur Bedeutung des Errichtungsverbots des § 18a LuftVG, S. 26.
93 Siehe dazu bereits oben unter II.2.
94 Siehe dazu unten unter IV.

1. Die gutachtliche Stellungnahme der DFS

Aus dem soeben Dargelegten[95] folgt, dass die gerichtliche Überprüfung der gutachtlichen Stellungnahme der DFS Bestandteil der Überprüfung der Entscheidung des BAF ist.

2. Die Entscheidung des BAF

Namentlich *Battis/Moench/von der Groeben* bestreiten dezidiert das Vorliegen eines Beurteilungsspielraums des BAF.[96] Es fehle bereits an einer ausdrücklichen Beurteilungsermächtigung. Dass in eine Entscheidung eine Prognose einfließe, begründe allein noch keine Beurteilungsermächtigung. Auch Prognoseentscheidungen der Verwaltung seien grundsätzlich gerichtlich voll überprüfbar.[97]

Auch die Komplexität einer Verwaltungsentscheidung führe nicht zu einem Beurteilungsspielraum. Dieser sei nur gerechtfertigt, wenn von der Behörde außerrechtliche Wertungen getroffen oder beurteilt würden.[98] Als Rechtsbegriff aus dem Gefahrenabwehrrecht sei eine Störung stets wertungsabhängig und dennoch gerichtlich voll überprüfbar.[99] Der Rückgriff auf den Störungsbegriff zeige also, dass dem BAF gerade kein Beurteilungsspielraum zukomme.

Schließlich werde nicht etwa eine wertende Entscheidung durch ein pluralistisch besetztes Gremium getroffen, das weisungsunabhängig arbeite und besonders fachlich oder demokratisch legitimiert sei, sondern es entscheide das BAF als Bundesoberbehörde nach den allgemeinen Regeln des Verwaltungsverfahrens. Es fehle ein besonderes Verfahren, das die Verkürzung des Rechtsschutzes abfedern würde. Im Gegenteil, der Vorhabenträger werde vor der Entscheidung des BAF nicht einmal angehört. Auch dies zeige, dass der Gesetzgeber dem BAF keinen Beurteilungsspielraum eingeräumt habe.[100]

Allein aus der Übertragung der Entscheidung gemäß § 18a Abs. 1 Satz 2 LuftVG auf das BAF folge ebenfalls noch kein Beurteilungsspielraum. Dem Gesetzgeber sei es bei der Änderung des § 18a LuftVG im Zuge der Errichtung des BAF vielmehr um die Trennung der Zuständigkeiten von BAF und DFS gegangen. Es habe klargestellt werden sollen, dass das BAF als Aufsichtsbehörde und nicht etwa die DFS die Entscheidung zu treffen habe. Eine Risikozuweisung in dem Maße, dass sogar die gerichtliche Kontrolle der Entscheidung eingeschränkt werde, sei nicht beabsichtigt gewesen.[101]

Gleichermaßen gelte auch, dass aus der gesetzlich vorgeschriebenen Einbindung der DFS kein Beurteilungsspielraum kraft überlegener Expertise folge. Ein überlegener institutionalisierter Sachverstand der DFS bestehe wegen deren Doppelstatus nicht. Viel-

---

95 Siehe unter III. 3.
96 *Battis/Moench/von der Groeben,* Zur Bedeutung des Errichtungsverbots des § 18a LuftVG, S. 32 ff.
97 *Battis/Moench/von der Groeben,* Zur Bedeutung des Errichtungsverbots des § 18a LuftVG, S. 32, unter Berufung auf *BVerwGE* 72, 38 (48), sowie 106, 351 (357), DVBl. 1976, 788, sowie 81, 12 (17).
98 *Battis/Moench/von der Groeben,* ebenda, unter Berufung auf *BVerfGE* 88, 40 (58).
99 *Battis/Moench/von der Groeben,* Zur Bedeutung des Errichtungsverbots des § 18a LuftVG, unter Berufung auf *Meyer/Wysk,* in: Grabherr/Reidt/Wysk, LuftVG, § 18a, Rn. 52.
100 *Battis/Moench/von der Groeben,* Zur Bedeutung des Errichtungsverbots des § 18a LuftVG, S. 33.
101 Ebenda.

mehr gelte es zu beachten, dass die DFS im Bereich der Flugsicherungseinrichtungen ausdrücklich eine privatwirtschaftliche Dienstleistung erbringe. Die DFS verfolge daher eigene privatwirtschaftliche Interessen, die ihre Stellung als überlegener und unabhängiger Gutachter in Frage stelle.[102]

Gegen die Annahme eines Beurteilungsspielraums spreche schließlich der Eingriffscharakter, der dem Errichtungsverbot des § 18a LuftVG zukomme. Zwar wirke die Entscheidung des BAF nicht unmittelbar nach außen. Eine negative Prognoseentscheidung des BAF werde aber in den meisten Fällen zu einer Ablehnung des Vorhabens durch die Genehmigungsbehörde führen. Der Vorhabenträger werde dadurch in seiner Baufreiheit beschränkt, so dass sich die Entscheidung des BAF zumindest mittelbar auf die in Art. 14 GG geschützte Eigentumsposition auswirke. Mangels Auswirkung der Entscheidung des BAF habe der Vorhabenträger keine Möglichkeit, diese selbst anzugreifen. Erst die Versagung der immissionsschutzrechtlichen Genehmigung könne vom Vorhabenträger gerichtlich überprüft werden. Nach dem *Bundesverfassungsgericht* sei es für die Garantie des effektiven Rechtsschutzes notwendig, dass auch alle behördlichen Vorentscheidungen einer umfassenden gerichtlichen Überprüfung unterzogen würden, wenn darauf eine Einschränkung der Eigentumsfreiheit beruhe.[103] Drohe eine Beeinträchtigung von Art. 14 GG, sei eine umfassende gerichtliche Kontrolle auch von behördlichen Vorentscheidungen geboten. Die gerichtliche Kontrolle der Entscheidung des BAF könne daher nicht mit dem Hinweis auf einen Beurteilungsspielraum beschränkt werden. Dies wäre mit der Garantie effektiven Rechtsschutzes nicht zu vereinbaren und würde den Eingriffscharakter des Errichtungsverbots verkennen.[104]

In seinen Entscheidungen vom Dezember 2014 bzw. Januar 2015 führt das *OVG Lüneburg* zunächst aus, dass das BAF bei seiner prognostischen Entscheidung, ob durch die Errichtung der Bauwerke Flugsicherungseinrichtungen gestört werden können, nicht von vornherein über einen Beurteilungsspielraum verfüge, der gerichtlich nur eingeschränkt überprüfbar sei.[105] Für den vorliegend als gegeben angesehenen Fall, dass sich die Wissenschaft noch nicht als eindeutiger Erkenntnisgeber erweise, es also noch an gesicherten Erkenntnissen mangele und allgemein anerkannte Standards und Beurteilungsmaßstäbe noch nicht entwickelt worden seien, fehlt es nach Auffassung des *OVG* dem Gericht aber an der auf besserer Erkenntnis beruhenden Befugnis, die fachliche Einschätzung der dafür zuständigen Stellen als „falsch" und „nicht rechtens" zu beanstanden. Insoweit wird dem BAF eine Einschätzungsprärogative zugebilligt.[106]

Inwiefern sich dieser Ansatz als tragfähig erweisen kann, bemisst sich letztlich danach, ob er mit der Rechtsschutzgarantie gemäß Art. 19 Abs. 4 GG vereinbar ist. Sie bildet die rechtsstaatlich zwingend erforderliche verfahrensrechtliche Ergänzung von mate-

---

102 *Battis/Moench/von der Groeben*, Zur Bedeutung des Errichtungsverbots des § 18a LuftVG, S. 33 f.
103 *Battis/Moench/von der Groeben*, Zur Bedeutung des Errichtungsverbots des § 18a LuftVG, S. 34, unter Berufung auf *BVerfGE* 134, 242 (311).
104 Ebenda.
105 *OVG Lüneburg* (Fn. 1), Rn. 49.
106 *OVG Lüneburg* (Fn. 1) Rn. 57.

riellrechtlichen Individualrechtspositionen.[107] Die Voraussetzungen, unter denen Art. 19 Abs. 4 GG zur Anwendung kommt, liegen außerhalb der Norm; es geht um die Erbringung einer staatlichen Leistung zur Realisierung materieller Rechtspositionen.[108] Das staatliche Gewaltmonopol und das prinzipielle Selbsthilfeverbot des Bürgers werden durch eine allgemeine staatliche Justizgewährleistungspflicht ausgeglichen.[109] Gewährleistet wird ein substanzieller Anspruch auf effektiven Rechtsschutz, das heißt auf eine wirkungsvolle gerichtliche Kontrolle.[110] Gemeint ist damit eine vollständige Überprüfung in rechtlicher und tatsächlicher Hinsicht.[111] Art. 19 Abs. 4 GG schließt es darum grundsätzlich aus, dass das zur Kontrolle berufene Gericht seinerseits an die behördlichen Feststellungen und Wertungen der kontrollierten Exekutive gebunden sein könnte. Es muss „die tatsächlichen Grundlagen selbst vermitteln und seine rechtliche Auffassung unabhängig von der Verwaltung, deren Entscheidung angegriffen ist, gewinnen und begründen".[112] Daraus resultiert die gerichtliche Kompetenz, die Verwaltung in der Gesetzesauslegung, der Tatsachenfeststellung sowie der Gesetzesanwendung zu überprüfen und gegebenenfalls zu korrigieren. Unzulässig ist danach eine Bindung an administrative Tatsachenfeststellungen oder Wertungen wie auch eine generelle Begrenzung der gerichtlichen Prüfungskompetenz auf eine bloße Vertretbarkeitskontrolle.[113]

Freilich können im Rahmen der verfassungsrechtlichen Funktionenteilung die gerichtlichen Kontrollkompetenzen nicht unbegrenzt sein. Vielmehr ist die Verfassung ein „Sinngefüge",[114] in das sich Art. 19 Abs. 4 GG einzuordnen hat. Innerhalb der verfassungsrechtlichen Vorgaben ist die Ausgestaltung des Funktionengefüges Aufgabe des Gesetzgebers. Das bedeutet, dass das Problem der Begrenzung der gerichtlichen Kontrollkompetenzen für den Gesetzgeber ein solches verfassungsgerechter Kompetenzzuordnung, für den Normanwender ein solches kompetenzgerechten Gesetzesverständnisses ist.[115] Die Kontrolldichte bestimmt sich danach primär nach dem der Rechtsanwendung zugrunde liegenden gesetzlichen Entscheidungsprogramm.[116] Bei klassischen Ermessenstatbeständen ist diese Zuweisung offensichtlich; schwieriger sind die Fälle bei Beurteilungs- bzw. Gestaltungsermächtigungen. Ob und inwieweit der Gesetzgeber der Behörde einen Handlungsspielraum eingeräumt hat, erschließt sich hier aus dem Inhalt der betreffenden Norm. Es handelt sich dabei um eine Frage der Auslegung, die am Gesetzeswortlaut anzusetzen hat, aber auch die besondere Stellung, Organisation und Arbeitsweise der jeweiligen Verwaltungseinrichtung auszuwerten hat.[117]

---

107 *BVerfGE* 88, 118 (121).
108 *BVerfGE* 101, 106 (123).
109 *BVerfGE* 54, 277 (292).
110 Seit *BVerfGE* 8, 273 (326) ständige Rechtsprechung.
111 Seit *BVerfGE* 15, 275 (282) ständige Rechtsprechung.
112 *BVerfGE* 101, 106 (123).
113 Ständige Rechtsprechung des *Bundesverfassungsgerichts,* siehe etwa *BVerfGE* 84, 34 (49).
114 *BVerfGE* 60, 253 (267).
115 Siehe dazu etwa *BVerwGE* 72, 300 (317).
116 Grundsätzlich dazu *Schmidt-Aßmann,* in: Maunz/Dürig, Grundgesetz: GG. Kommentar (Loseblatt), 74. EL, Art. 19 Abs. 4 Rn. 180.
117 Schmidt-Aßmann, in: Maunz/Dürig, Grundgesetz: GG. Kommentar (Loseblatt), 74. EL, Rn. 87.

Einschränkungen der gerichtlichen Kontrolldichte sind vor dem Hintergrund nur dann möglich, wenn der Gesetzgeber die verbindliche Entscheidung für eine gesetzlich nicht eindeutig fixierte Situation explizit oder implizit der Verwaltung zugewiesen hat.

Eine Auslegung des Normprogramms (§ 6 Abs. 1 BImSchG in Verbindung mit § 18a Abs. 1 LuftVG) ergibt, dass der Gesetzgeber keine Beschränkung der gerichtlichen Überprüfbarkeit von Verwaltungsentscheidungen herbeiführen wollte: In § 6 Abs. 1 BImSchG hat der Gesetzgeber ausdrücklich vorgegeben, dass die zuständige Behörde zur Erteilung einer beantragten immissionsschutzrechtlichen Genehmigung verpflichtet ist, sofern die in der Bestimmung aufgeführten Voraussetzungen erfüllt sind. Unter den genannten Voraussetzungen besteht also ein Anspruch des Antragstellers auf Genehmigungserteilung. Der Wortlaut dieser Norm deutet in keiner Weise darauf hin, dass der Genehmigungsbehörde im Rahmen ihrer Entscheidung ein Beurteilungsspielraum bzw. eine Einschätzungsprärogative zustehen könnte.[118] Zwar bezog sich der Sachverhalt der hier zitierten Bundesverwaltungsgerichtsentscheidung auf die Frage, ob bestimmte Immissionen geeignet sind, Gefahren, erhebliche Nachteile oder erhebliche Belästigungen für die Allgemeinheit oder Nachbarschaft herbeizuführen, während es hier um Belange der Flugsicherheit geht. Die Konstellationen sind aber durchaus vergleichbar. So weist das *Bundesverwaltungsgericht* darauf hin, dass für die Beantwortung der Frage, ob Immissionen geeignet sind, Gefahren, erhebliche Nachteile oder erhebliche Belästigungen für die Allgemeinheit oder die Nachbarschaft herbeizuführen, besondere Fachkenntnisse auf zahlreichen Gebieten außerhalb des Rechts, insbesondere auf dem weiten Gebiet der Atomwissenschaften, erforderlich seien. Diese Fachkenntnisse müssten in die Entscheidungen der Genehmigungsbehörde eingehen und ihnen in geeigneter Weise vermittelt werden. Daraus zieht das Gericht aber gerade nicht den Schluss, dass die entsprechenden Entscheidungen der Genehmigungsbehörde durch das Gericht nur noch eingeschränkt überprüfbar seien; im Gegenteil lehnt es in dem Zusammenhang das Vorliegen einer Einschätzungsprärogative ab.[119]

In der vorliegenden Konstellation kann nichts anderes gelten, da es ebenfalls um Fachkenntnisse – hier aus dem Bereich des Luftverkehrs – geht. Das entscheidende Gericht ist demzufolge verpflichtet, die Richtigkeit der darauf bezogenen Darlegungen der Genehmigungsbehörde zu überprüfen. Das Vorliegen einer Einschätzungsprärogative ist also zu verneinen, eine Rücknahme der Kontrolldichte abzulehnen.

---

118 So ausdrücklich auch *BVerwGE* 55, 250. In dem Leitsatz heißt es: „Ob ein Anspruch des Antragstellers auf Genehmigung der Errichtung und des Betriebs einer Anlage nach dem Bundes-Immissionsschutzgesetz besteht, unterliegt uneingeschränkter verwaltungsgerichtlicher Überprüfung."
119 *BVerwGE* 55, 250.

3. Die Entscheidung der Genehmigungsbehörde

Die soeben[120] angestellten Erörterungen führen zwingend zu dem Befund einer uneingeschränkten gerichtlichen Überprüfbarkeit der Entscheidung der Genehmigungsbehörde. Das betrifft insbesondere die Entscheidung des BAF und die darin verwertete gutachtliche Stellungnahme der DFS. Insoweit handelt es sich um eine „normale" Genehmigungsentscheidung auf der Grundlage von § 6 Abs. 1 BImSchG. Für eine Reduzierung der gerichtlichen Überprüfung – auch – der Entscheidung der Genehmigungsbehörde etwa in Richtung auf die Einräumung einer Einschätzungsprärogative ist kein Raum.

VI. Zusammenfassung

– Die sichere Abwicklung des Luftverkehrs ist gewährleistet, wenn sein Ablauf durch kein schädigendes Ereignis bedroht wird, also keine Gefahrenlage eintritt. Danach sind die Flugsicherungsorganisationen verpflichtet, die hinreichende Sicherung des Luftverkehrs einschließlich der Vorhaltung der der Flugsicherung dienenden Anlagen zu gewährleisten. Hinsichtlich der nie ganz auszuschließenden Risiken gilt das Minimierungsgebot. Welches Risiko noch hinnehmbar ist, kann sich an gesetzlichen Vorgaben nicht orientieren; insoweit gibt es keine Festlegungen. Zulässig und geboten ist deshalb der Rückgriff auf die in den Anhängen zum Chicagoer Abkommen über die Internationale Zivile Luftfahrtorganisation (ICAO) festgelegten Standards und Empfehlungen. Insbesondere dem Anhang 4 kann ein grundsätzlich bestehendes Errichtungsverbot von Bauwerken im Umkreis von 15 km zu einer Navigationsanlage nicht entnommen werden. Vielmehr werden dort gestufte Prüfvorgaben gemacht und wird erläutert, wie die Prüfungen durchzuführen sind.

– Im Rahmen der durch § 18a Abs. 1 LuftVG vorgegebenen Abläufe fungiert die DFS als Verwaltungshelferin. Bei ihrer gutachtlichen Stellungnahme handelt es sich um eine verwaltungsinterne Hilfsgröße. Im Außenverhältnis spielt sie deshalb keine eigenständige Rolle.

– Bei der Entscheidung des BAF handelt es sich nicht um einen Verwaltungsakt, weil es an der dafür erforderlichen Außenwirkung fehlt. Sie ist deshalb nicht isoliert anfechtbar. Das hat jedoch nicht ihre Nichtüberprüfbarkeit zur Folge. Vielmehr unterliegt sie im Rahmen der Überprüfung der Entscheidung der Genehmigungsbehörde einer gerichtlichen Kontrolle.

– Die gerichtliche Überprüfung der gutachtlichen Stellungnahme der DFS ist Bestandteil der Überprüfung der Entscheidung des BAF.

---

120 Unter III. und IV.

- Das BAF verfügt bei seiner Entscheidung gemäß § 18a Abs. 1 Satz 2 LuftVG nicht über eine Einschätzungsprärogative. Vielmehr unterliegt die Entscheidung einer vollständigen gerichtlichen Überprüfung.
- Das gilt auch für die Entscheidung der Genehmigungsbehörde.

Literaturverzeichnis

Bader, Johann/Michael Ronellenfitsch (Hrsg.), Verwaltungsverfahrensgesetz: VwVfG. Kommentar, München 2010

Battis, Ulrich/Christoph Moench/Constantin von der Groeben, Zur Bedeutung des Errichtungsverbots des § 18a LuftVG bei der Genehmigung von Windenergieanlagen. Gutachterliche Stellungnahme erstattet im Auftrag des Bundesverbandes Windenergie und der Energieagentur.NRW, Berlin, 6. November 2014, abrufbar unter: https://www.wind energie.de/sites/default/files/attachments/page/arbeitskreis-luftverkehr-und-radar/gutach terliche-stellungnahme-18a-luftvg.pdf

Bundesaufsichtsamt für Flugsicherung (BAF), (Hrsg.), § 18a LuftVG. Anlagenschutzbereiche der Flugsicherung. Ein Leitfaden zum Prüfungs- und Genehmigungsverfahren, Langen, Dezember 2014, abrufbar unter: http://www.baf.bund.de/SharedDocs/Down loads/DE/Publikationen_BAF/BAF_Flyer_Anlagenschutz.pdf?__blob=publicationFile

Bundesverband WindEnergie e. V. (BWE), Hintergrundpapier: Windenergieprojekte unter Berücksichtigung von Luftverkehr und Radaranlagen, Berlin, November 2013, abrufbar unter: https://www.wind-energie.de/sites/default/files/attachments/page/arbeitskreis-luftverkehr-und-radar/20131108-bwe-hintergrundpapier-radar.pdf

Bydlinski, Franz, Juristische Methodenlehre und Rechtsbegriff, 2. Auflage, Wien 1991

DFS Deutsche Flugsicherung GmbH, Geschäftsbericht 2014, Langen o. J. (2015), abrufbar unter: https://www.dfs.de/dfs_homepage/de/Presse/Publikationen/gb2014_de.pdf

Duden, Das Bedeutungswörterbuch, 4. Auflage, Berlin 2010

Federwisch, Christof/Jan Dinter, Windenergieanlagen im Störfeuer der Flugsicherung, Neue Zeitschrift für Verwaltungsrecht (NVwZ) 2014, S. 403 – 408

Grabherr, Edwin/Olaf Reidt/Peter Wysk, Luftverkehrsgesetz: LuftVG. Kommentar (Loseblatt), 17. Ergänzungslieferung, München, Juni 2013

Hüttig, Gerhard u. a., Flugsicherheitsanalyse der Wechselwirkungen von Windenergieanlagen und Funknavigationshilfen DVOR/VOR der Deutschen Flugsicherung GmbH, im Auftrag Ministerium für Energiewende, Landwirtschaft, Umwelt und ländliche Räume des Landes Schleswig-Holstein, Berlin, 01.06.2014 und 20. April 2015, abrufbar unter: https://www.schleswig-holstein.de/DE/Fachinhalte/W/windenergie/Downloads/Gutach ten_Windenergie.pdf?__blob=publicationFile&v=2

Internationale Zivilluftfahrtorganisation, Europäisches Anleitungsmaterial zum Umgang mit Anlagenschutzbereichen, ICAO EUR DOC 015, 2. Ausgabe 2009, Deutsch 7.2011, abrufbar unter: http://www.baf.bund.de/SharedDocs/Downloads/DE/ICAO_Docs/EUR_ Doc015.pdf?__blob=publicationFile

Kment, Martin (Hrsg.), Energiewirtschaftsgesetz: EnWG. Kommentar, Baden-Baden 2015

Kopp, Ferdinand/Ulrich Ramsauer, Verwaltungsverfahrensgesetz: VwVfG. Kommentar, 15. Auflage, München 2014

Larenz, Karl, Methodenlehre der Rechtswissenschaft, Berlin u. a., 1983

Maunz, Theodor/Günter Dürig, Grundgesetz: GG. Kommentar (Loseblatt), 74. Ergänzungslieferung, München, Mai 2015

Maurer, Hartmut, Allgemeines Verwaltungsrecht, 18. Auflage, München 2011

von Münch, Ingo/Philip Kunig, Grundgesetz-Kommentar: GG, Band 1, 6. Auflage, München 2012

Schmidt-Aßmann, Eberhardt/Friedrich Schoch (Hrsg.), Besonderes Verwaltungsrecht, 14. Auflage, Berlin 2008

Schwenk, Walter/Elmar Giemulla, Handbuch des Luftverkehrsrechts, 4. Auflage, Köln 2013

Sittig, Peter/Christian Falke, Windenergie und Luftverkehr. Licht und Schatten im Gutachten zu den Auswirkungen von Windenergieanlagen auf Funknavigationsanlagen, Energierecht (ER) 2015, S. 17–21

Smeddinck, Ulrich, Rechtliche Methodik: Die Auslegungsregeln, Braunschweig 2013 (RATUBS-Band Nr. 4/2013)

Jan Thiele

Windenergie contra DWD –
Was sagt die aktuelle Rechtsprechung?

I. Einleitung

Der Bundesverband WindEnergie geht davon aus, dass im Jahr 2013 deutschlandweit Windenergieprojekt im Umfang von ca. 430 MW nicht realisiert werden konnten, weil der Deutsche Wetterdienst (DWD) entgegenstehende Belange geltend gemacht und so die Erteilung von immissionsschutzrechtlichen Genehmigungen verhindert hat.[1] Diese Zahl dürfte durch die Inbetriebnahme neuer Radaranlagen – so im Jahr 2014 am Standort Prötzel/Brandenburg – weiter gestiegen sein. Im Zentrum des Konfliktes steht hierbei stets der Vorwurf des DWD, die Errichtung und der Betrieb von Windenergieanlagen führe zu einer unzulässigen Beeinträchtigung seiner Radaranlagen.

In diesem Konfliktfeld haben in jüngerer Zeit Entscheidungen der *Verwaltungsgerichte Regensburg* (2013) und *Trier* (2015) aufhorchen lassen.[2] Beide Gerichte haben sich mit unterschiedlichem Ergebnis mit der Frage auseinandergesetzt, ob und inwieweit eine Störung von DWD-Wetterradaranlagen der Genehmigungsfähigkeit von Windenergieanlagen entgegengehalten werden kann. Für Anlass zur Kritik sorgt hierbei u.a. die Auffassung des *VG Regensburg*, auch dem DWD müsse die aus dem Naturschutzrecht bekannte, gerichtlich nur eingeschränkt überprüfbare „Einschätzungsprärogative"[3] hinsichtlich der Frage zugestanden werden, ob seine Einrichtungen beeinträchtigt werden. Für Windenergievorhaben positiver ist die Entscheidungen des *VG Trier* ausgefallen[4]. In diesem Verfahren hat das *VG Trier* eine Klage des DWD gegen Windenergieanlagen abgewiesen und festgestellt, dass nicht jede Beeinträchtigung einer Wetterradaranlage der Genehmigung für Windenergieanlagen entgegensteht. In diesem Zusammenhang hat das *VG Trier* in der Rechtsprechung erstmals in dieser Deutlichkeit die Auffassung vertreten

---

1 Vgl. zu den Zahlenangaben *Bundesverband WindEnergie*, Hintergrundpapier: Windenergieprojekte unter Berücksichtigung von Luftverkehr und Radaranlagen, Nov. 2013, S. 2 (ermittelt durch eine Mitgliederbefragung des Bundesverbandes WindEnergie Mai/Juni 2013). Siehe auch unter http://www.wind-energie.de/sites/default/files/attachments/page/arbeitskreis-luftverkehr-und-radar/20131107-bwe-umfrage-radar.pdf.
2 *VG Regensburg*, Urt. v. 17.10.2013 – RO 7 K 12.1702 und *VG Trier*, Urt. v. 23.03.2015 – 6 K 869/14.TR.
3 Zur Naturschutzfachlichen Einschätzungsprärogative u.a. *BVerwG*, Urt. v. 21.11.2013 – 7 C 4/11. Hiernach stehe der Genehmigungsbehörde bei ihrer Entscheidung über die Erteilung einer immissionsschutzrechtlichen Anlagengenehmigung für die Prüfung, ob artenschutzrechtliche Verbotstatbestände erfüllt sind, hinsichtlich der Bestandserfassung und Risikobewertung eine Naturschutzfachliche Einschätzungsprärogative zu, soweit sich zu ökologischen Fragestellungen noch kein allgemein anerkannter Stand der Fachwissenschaft herausgebildet hat.
4 *VG Trier*, Urt. v. 23.03.2015 – 6 K 869/14.TR, juris.

und umfangreich begründet, dass der DWD verpflichtet sei, nach dem Stand der Technik unvermeidbare schädliche Umwelteinwirkungen auf ein Mindestmaß zu beschränken.

Ob und inwieweit die Urteile in der nächsten Instanz Bestand haben – gegen beide Entscheidungen sind Rechtsmittel eingelegt worden – und sich in der weiteren Rechtsprechung durchsetzen werden, bleibt abzuwarten. Viele Investoren und Genehmigungsbehörden warten jedenfalls ungeduldig, da der Fortgang zahlreicher Genehmigungsverfahren und Projekte hiervon abhängt. Für vorsichtigen Optimismus sorgen dabei u. a. zwei aktuell veröffentlichte Gutachten, die im Auftrag des Ministeriums für Umwelt, Klima und Energiewirtschaft Baden-Württemberg erarbeitet worden sind.[5]

II. Rechtliche Ausgangslage

Eine für Windenergieanlagen nach § 4 Bundes-Immissionsschutzgesetz (BImSchG) i. V. m. Nr. 1.6 des Anhangs zur Vierten Verordnung zur Durchführung des Bundes-Immissionsschutzgesetzes (4. BImSchV) erforderliche immissionsschutzrechtliche Genehmigung ist nach § 6 Abs. 1 BImSchG zu erteilen, wenn sichergestellt ist, dass die sich aus § 5 BImSchG und einer aufgrund des § 7 BImSchG erlassenen Verordnung ergebenden Pflichten erfüllt sind (Nr. 1) und andere öffentlich-rechtliche Vorschriften und Belange des Arbeitsschutzes der Errichtung und dem Betrieb der Anlage nicht entgegenstehen (Nr. 2). Als „andere öffentlich-rechtliche Vorschriften" im Sinne des § 6 Abs. 1 Nr. 2 BImSchG kommt u. a. das Bauplanungsrecht nach § 35 Baugesetzbuch (BauGB) in Betracht.[6]

1. Prüfungsmaßstab Bauplanungsrecht (§ 35 Abs. 3 S. 1 Nr. 8 BauGB)

Die Errichtung und der Betrieb von Windenergieanlagen ist gemäß § 35 Abs. 1 Nr. 5 BauGB im Außenbereich bauplanungsrechtlich zulässig, wenn öffentliche Belange im Sinne des § 35 Abs. 3 S. 1 BauGB nicht entgegenstehen. Gemäß § 35 Abs. 3 S. 1 Nr. 8 BauGB zählt zu den öffentlichen Belangen, die bei der Beurteilung eines privilegierten Windenergievorhabens zu prüfen sind, die störungsfreie Funktionsfähigkeit von Funkstellen und Radaranlagen (§ 35 Abs. 3 S. 1 Nr. 8 BauGB). Hierbei können die Radaranlagen öffentlichen oder privaten, zivilen oder militärischen Zwecken dienen.[7]

Deswegen ist der DWD als Träger öffentlicher Belange in Planungs- sowie Genehmigungsverfahren für die Errichtung und den Betrieb von Windenergieanlagen zu be-

---

5 *Airbus Defence and Space GmbH*, Grundsatzuntersuchung zu den Errichtungsmöglichkeiten von Windenergieanlagen im Schutzbereich der Wetterradaranlage Türkheim des Deutschen Wetterdienstes (DWD), redigierte Fassung v. 16.07.2015 und *Noerr LLP*, Rechtsgutachten zur Geltendmachung einer Beeinträchtigung von Belangen des DWD bei der Errichtung von Windenergieanlagen, 17.07.2015.
6 Siehe *Jarass*, Bundes-Immissionsschutzgesetz: BImSchG. Kommentar, 10. Aufl. 2013, § 6 BImSchG, Rn. 38.
7 *Söfker*, in: Spannowsky/Uechtritz (Hrsg.), Beck'scher Online-Kommentar BauGB, Stand: 01.06.2014, § 35, Rn. 14.

teiligen. Denn durch Windenergieanlagen kann etwa die Funkverbindung beeinträchtigt oder ein störendes Radarecho hervorgerufen werden.[8] Allerdings führt nicht jede Störung der Funktionsfähigkeit von Funkstellen und Radaranlagen zwangsläufig dazu, dass öffentliche Belange einem Windenergie-Projekt im Sinne von § 35 Abs. 1 BauGB „*entgegenstehen*". Vielmehr hat der Gesetzgeber durch die generelle Verweisung der Windenergievorhaben in den Außenbereich

> *„eine planerische Entscheidung zugunsten dieser Vorhaben getroffen und damit auch Fälle negativer Berührung mit öffentlichen Belangen im Einzelfall in Kauf genommen. [...] Die Bevorzugung von Vorhaben nach Abs. 1 führt also bei einer Beeinträchtigung öffentlicher Belange – anders als bei den Vorhaben nach Abs. 2 – dazu, dass keine Unzulässigkeit per se besteht. Es muss vielmehr eine Abwägung zwischen den jeweils berührten öffentlichen Belangen und dem Vorhaben stattfinden, wobei zu dessen Gunsten die Privilegierung ins Gewicht fällt [...]."*[9]

Mit anderen Worten: Nur wenn die in § 35 Abs. 3 Satz 1 BauGB bezeichneten Belange konkret beeinträchtigt werden, kann dies die Erteilung einer Genehmigung für ein grundsätzlich privilegiert zulässiges Windenergievorhaben verhindern.[10]

2. Prüfungsfolge Funktionsfähigkeit von Funkstellen und Radaranlagen

Ob die Funktionsfähigkeit von Funkstellen und Radaranlagen im Sinne von § 35 Abs. 3 S. 1 Nr. 8 BauGB gestört wird, ist auf der Grundlage einer zweistufigen Prüfung zu ermitteln und unterliegt hierbei als naturwissenschaftlich-technische Frage grundsätzlich der vollen gerichtlichen Kontrolle.[11] Das Gericht kann dabei – ggf. nach Anhörung eines Sachverständigen im Prozess (§§ 87 Abs. 1 S. 2 Nr. 6, 96 Abs. 1 VwGO) – im vollen Umfang überprüfen, ob und inwieweit die Ausführungen des Radaranlagenbetreibers eine Störung annehmen lassen. Dabei ist bei geplanten Bauwerken – wie Windenergieanlagen im Genehmigungsverfahren – durch eine Prognose zu klären, ob eine Störung zu erwarten ist.[12]

Auf der ersten Stufe der Prüfung einer Beeinträchtigung geht es dabei um die Frage, ob das Radar durch ein Vorhaben tatsächlich technisch beeinflusst wird. Auf der zweiten Stufe ist sodann zu prüfen, ob sich diese Störung auf die Funktionsfähigkeit des Radars derart auswirkt, dass der einer Funkstelle oder Radaranlage zugewiesene Zweck in nicht hinzunehmender Weise eingeschränkt wird. Damit steht fest, dass nicht jede Beeinflus-

---

8   *OVG Lüneburg,* Beschl. v. 21.07.2011 – 12 ME 201/10, DVBl 2011, 1300.
9   So *Mitschang/Reidt,* in: Battis/Krautzberger/Löhr (Hrsg.), Baugesetzbuch, 12. Aufl. 2014, § 35, Rn. 68 m.w.N.
10 Hierzu *Söfker,* in: Ernst/Zinkahn/Bielenberg/Krautzberger (Hrsg.), Baugesetzbuch, 113. EL 2014, § 35, Rn. 60.
11 Vgl. *VG Oldenburg,* Urt. v. 04.09.2012 – 1 A 2297/11.
12 *OVG Lüneburg,* Urt. v. 03.12.2014 – 12 LC 30/12, juris, Rn. 50.

sung einer Radaranlage zugleich eine Störung, also eine praktisch relevante Minderung der Funktionsfähigkeit ist.[13]

Allerdings: Für die Frage, wann ein Wetterradar in diesem Sinne gestört ist, fehlt es an konkreten gesetzlichen oder anderweitigen rechtlich konkretisierenden Festlegungen. Auch die Richtlinien der World Meteorological Organization (WMO), auf die sich der DWD bei der Definition seiner Abstandsvorgaben regelmäßig stützt, stellen keine rechtlich verbindlichen Vorgaben dar, die den Eintritt einer Störung definieren. Die Empfehlungen der WMO sind offen formuliert. Die Richtlinien der WMO sehen vor, dass innerhalb einer Zone moderater Beeinflussung (5 bis 20 km Abstand) die topographischen Gegebenheiten zu beachten sind, schließen die Errichtung von Windenergieanlagen jedoch nicht aus.[14]

Außerdem erscheint die Berücksichtigung starrer Schutzgrenzen um Radaranlagen – so wie der DWD die WMO-Richtlinie interpretiert – auch aus Praktikabilitätsgründen als nicht plausibel. Erforderlich ist vielmehr stets eine Abwägung des Einzelfalls, wobei insbesondere die Möglichkeit von Alternativstandorten, die Schwere der Beeinträchtigung, aber auch die grundsätzliche Privilegierung von Windenergieanlagen durch den Gesetzgeber einzubeziehen sind.

Somit ist für jeden Einzelfall aufgrund gutachterlicher Bewertung zu ermitteln, ob die geplanten Anlagen das Wetterradar stören. Dabei trägt der DWD vor allem aufgrund der Möglichkeit, Einsicht in die technischen Details der Radaranlage zu nehmen, in jedem Einzelfall die volle Beweislast dafür, dass die Radarstation durch eine geplante Windenergieanlage unzumutbar beeinträchtigt oder gar gestört würde.

III. Belange des DWD im Genehmigungsverfahren

Seit geraumer Zeit häufen sich Windenergieprojekte, die mit Einwendungen des DWD konfrontiert werden, der eine Beeinträchtigung seiner Wetterradaranlagen rügt. Der DWD betreibt in Deutschland einen Verbund von 17 Wetterradarstandorten[15] mit einer Reichweite von jeweils 150 km und einem Qualitätssicherungsradar sowie vier Windprofiler-Radarsystemen, d.h. allwettertauglichen Fernerkundungssystemen für den Wind.[16] Zu den Aufgaben des DWD gehören u.a. der Betrieb der erforderlichen Mess- und Beobachtungssysteme sowie die kurzfristige und langfristige Erfassung, Überwachung und Bewertung der meteorologischen Prozesse, Struktur und Zusammensetzung der Atmosphäre.[17]

---

13 Vgl. *OVG Lüneburg,* Beschl. v. 13.04.2011 – 12 ME 8/11 und Urt. v. 03.12.2014 – 12 LC 30/12; *VGH München,* Beschl. v. 16.12.2009 – 22 ZB 09.380; *VG Aachen,* Urt. v. 24.07.2013 – 6 K 248/09; *VG Trier,* Urt. v. 23.03.2015 – 6 K 869/14.TR, alle juris.
14 *World Meteorological Organization (WMO),* Commission for Instruments and Methods of Observation (CIMO), Fifteenth session, Helsinki 2–8 September 2010 (WMO-No. 1064), Kapitel 5.13 [notwendige Abstände zwischen Windenergieanlage und Wetterradar].
15 In der Regel dualpolarimetrische C-Band-Doppler-Wetterradare.
16 Vgl. nähere Informationen unter www.dwd.de.
17 Vgl. *Ruf,* BWGZ 2013, 540 (548).

Zur Wetterbestimmung bedient sich der DWD zweier Systeme (sog. Abtastverfahren). Bei der Raumabtastung (sog. Volumenscan) durchläuft die Antenne alle 15 Min. 18 verschiedene Höhenwinkel (von 37,0° bis 0,5°) bis in 12 km Höhe. Dagegen unterbricht die Niederschlagsabtastung (sog. Precipitationscan) die Raumabtastung alle 5 Min. mit einem Radarstrahl, der an der jeweilige Höhenstruktur zwischen 0,5° und 1,8° über den Horizont für Erfassung der Niederschlagsdaten aus Entfernungen bis 150 km streicht. Mögliche Wassertröpfchen verursachen ein „Echosignal", welches aufgrund der Tropfengröße auf Niederschlagsart schließen lässt.[18] Eben jene Echos, fürchtet der DWD, könnten durch die Windenergieanlagen verzerrt oder gestört werden.

Aufgrund seiner Stellung als Bundesbehörde[19] und seiner gesetzlichen Aufgaben wird dem DWD im immissionsschutzrechtlichen Genehmigungsverfahren eine starke Position eingeräumt und seinen Einwendungen nicht selten unwidersprochen gefolgt. Erschwert wird die Genehmigungspraxis durch den Umstand, dass im Fall der DWD-Wetterradaranlagen technisch ausgereifte Lösungen für die bestehenden Konflikte noch nicht existieren und erst in der Entwicklung sind. Unterdrückungsmaßnahmen, analytische Korrekturmaßnahmen der Fehlechos oder Abschattungen werden derzeit – auch auf Initiative von Windenergieunternehmen – zwar intensiv erforscht.[20] Der DWD zeigt sich hierbei aber bislang, anders als beispielsweise die Bundeswehr, wenig kooperativ, um gemeinsame Lösungen zu finden.[21]

1. Die Stellung des DWD im Genehmigungsverfahren

Der DWD ist gemäß Art. 74 Abs. 1 Nr. 21 GG i. V. m. dem Gesetz über den Deutschen Wetterdienst (DWD-Gesetz) der nationale Wetterdienst der Bundesrepublik Deutschland. Der DWD ist als Träger öffentlicher Belange in Genehmigungsverfahren für Windenergieanlagen gemäß § 11 der 9. BImSchV zu beteiligen, um seine Stellungnahme zum Vorhaben abzugeben.[22] Der DWD prüft, ob durch die beantragten Windenergieanlagen Störungen seiner Radaranlagen zu erwarten sind. Hierbei stützt sich der DWD auf seinen gesetzlichen Auftrag.

Auf der einen Seite ist gemäß § 4 Abs. 1 DWD-Gesetz Aufgabe des DWD u. a. die Erbringung meteorologischer Dienstleistungen, insbesondere auf den Gebieten des Ver-

---

18 Vgl. „Der Radarverbund des Deutschen Wetterdienstes" des DWD v. 10.07.2002, abrufbar unter: http://www.dwd.de/bvbw/generator/DWDWWW/Content/Forschung/FE1/Datenassimilation/Radarbroschuere,templateId=raw,property=publicationFile.pdf/Radarbroschuere.pdf.
19 Der DWD ist nach § 1 Abs. 1 DWD-Gesetz eine teilrechtsfähige Anstalt des öffentlichen Rechts im Geschäftsbereich des Bundesministeriums für Verkehr, Bau und Stadtentwicklung.
20 So u. a. im Arbeitskreis Luftverkehr und Radar des Bundesverbandes WindEnergie. Vgl. zudem *Frye*, in: Geßner/Willmann (Hrsg.), Abstände zu Windenergieanlagen – Radar, Infrastruktureinrichtungen, Vögel und andere (un)lösbare Probleme?, 2015.
21 So die Einschätzung der im Bundesverband WindEnergie e. V. organisierten Unternehmen, vgl. *Bundesverband WindEnergie*, Hintergrundpapier: Windenergieprojekte unter Berücksichtigung von Luftverkehr und Radaranlagen, Nov. 2013, S. 5.
22 Vgl. *Simon/Busse*, in: Simon/Busse (Hrsg.), Bayerische Bauordnung. Kommentar, 114. EL 2013, Anhang, Ziff. 8.2.12.

kehrs, der gewerblichen Wirtschaft, der Land- und Forstwirtschaft, des Bauwesens, des Gesundheitswesens, der Wasserwirtschaft einschließlich des vorbeugenden Hochwasserschutzes, des Umwelt- und Naturschutzes und der Wissenschaft (Nr. 1), die meteorologische Sicherung der Luft- und Seefahrt (Nr. 2) und die Herausgabe von amtlichen Warnungen über Wettererscheinungen, die zu einer Gefahr für die öffentliche Sicherheit und Ordnung führen können (Nr. 3). Gleichzeitig bedient der DWD die Bundeswehr, die keine eigenen Wetterradaranlagen betreibt. Auf der anderen Seite finden die klimatologischen Winddaten und -karten des DWD als wichtige Grundlage für Investoren, Gemeinden, Genehmigungsbehörden und Länder Eingang in Windgutachten und die Planung von Anlagenstandorten, da sie helfen, geeignete Flächen für Windenergieanlagen zu identifizieren. Die Daten des DWD sind daher auch für den Ausbau der Windenergienutzung eine wichtige Größe.[23]

Um Konflikte auch langfristig nicht weiter zu verhärten, ist die Beteiligung des DWD an Planungen im Rahmen von Windkraftenergieanlagen auch ausdrücklich gewünscht. Für das Land Niedersachsen heißt es beispielsweise im neuesten Entwurf des Windenergieerlasses vom 05.05.2015 unter Ziff. 6.9 wörtlich[24]:

„Der DWD ist [...] im Rahmen der immissionsschutzrechtlichen Genehmigungsverfahren für den Bau und Betrieb von Windenergieanlagen gemäß § 11 9. BImSchV zu beteiligen. Der DWD ist zudem gehalten [...] Standortplanungen für Windenergieanlagen bereits in einem frühen Stadium zielgerichtet zu unterstützen."

2. Einwände des DWD gegen die Errichtung von Windenergieanlagen

Insbesondere die vom DWD geforderten Mindestabstände führen immer wieder zu Streitigkeiten, die zuletzt auch immer häufiger im gerichtlichen Verfahren entschieden werden mussten.[25] Dabei hält der DWD der Genehmigung für Windenergieanlagen die Auffassung entgegen, der öffentliche Belang der störungsfreien Funktion seiner Wetterradare sei durch die Windenergievorhaben verletzt. Die grundlegenden technischen Ausgangsbedingungen und Beeinträchtigungen hat der DWD in dem Verfahren des *VG Regensburg* wie folgt beschrieben:

„Wetterradare sondieren die Atmosphäre bis zu einer Höhe von etwa 10–12 km. Dabei werden elektromagnetische Pulse in verschiedenen Höhenwinkeln (sog. Elevationen) ausgesandt. Nach einem vollständigen Umlauf des Radars (sog. Sweep) wird die nächste Elevation eingestellt und erneut gemessen. Alle Niederschlagspartikel (Wassertropfen oder Eiskristalle) sowie alle Fremdziele (sog. Clutter) streuen die Energie des Pulses in alle Richtungen, unter anderem auch in Richtung Antenne zurück. Aus der zeitlichen Differenz zwischen gesendeter und empfangener Ener-

---

23 Vgl. *Simon/Busse,* in: Simon/Busse (Hrsg.), Bayerische Bauordnung. Kommentar, 114. EL 2013, Anhang, Ziff. 8.2.12.
24 Vgl. *Planung und Genehmigung von Windenergieanlagen an Land in Niedersachsen und Hinweise für die Zielsetzung und Anwendung (Windenergieerlass),* Gem. RdErl. d. MU, ML, MS, MW und MI, – MU-Ref52-29211/1/300 (Entwurfsstand 29.04.2015), Stand: 05.05.2015.
25 U. a. *VG Regensburg* und *VG Trier.*

gie (Signallaufzeit) kann der Ort (Entfernung) der Streuobjekte bestimmt werden. Aus der Stärke der zurückgestreuten Energie (sog. Reflektivität) kann auf die Intensität des Niederschlags geschlossen werden. Bewegt sich das erfasste Objekt, kommt es darüber hinaus zu einer Phasenverschiebung zwischen den empfangenen Pulsen (sog. Dopplerverschiebung). Hieraus kann auf die Geschwindigkeit des Objektes entlang des Radarstrahls geschlossen werden.

Die Wetterradaranlagen des DWD sondieren im 5 min-Abstand mit derzeit insgesamt elf Sweeps die Troposphäre (der Teil der Atmosphäre, in dem sich das Wettergeschehen abspielt). Für die Detektion von Unwettern sind der unterste sowie der nächsthöhere, der Topographie folgende Sweep (sog. Niederschlags-Scan) die wichtigsten Sweeps, da sie aufgrund der niedrigen Elevation lange in der Troposphäre verbleiben. Diese beiden Sweeps werden auch zur quantitativen Niederschlagsvorhersage und zur Hydrometeorbestimmung (Phase des Niederschlags) genutzt. Darüber hinaus werden die Informationen des Niederschlags-Scans für die Gewitterdetektion (Zellerkennungs- und Zellverfolgungsverfahren KONRAD) verwendet. Die durch die Scans erhaltenen Radialwindinformationen werden insbesondere bei der sog. Mesozyklonen-Erkennung analysiert. Auch hier ist der unterste und somit bodennahste Sweep sehr wesentlich, da bodennahe Windphänomene (z. B. Wirbelstrukturen, zum Teil mit eingebetteten Tornados) von besonderer Bedeutung sind. Die technische Entwicklung geht hierbei dahin, auch kleinräumige, kurzlebige und zeitlich stark variable Wetterphänomene zu erfassen, da diese in der Regel mit besonders intensiven Wettererscheinungen verbunden sind [...].

Beeinträchtigungen (Anm.: durch Windenergieanlagen) ergeben sich zunächst für die Radarmessung selbst. Am Ort der Windenergieanlage sowie in der gesamten näheren Umgebung der Windenergieanlage (zumindest bis zu einer Entfernung von etwa 1 km von der WEA) entstehen nicht filterbare Fremdziele (Clutter) mit zum Teil hoher Signalstärke in der Größenordnung wie bei Unwettern. Zudem treten falsche Radialwindwerte und gestörte polarimetrische Momente auf [...] Zudem ergeben sich hinter und auch seitlich hinter der betreffenden Windenergieanlage Abschattungseffekte, deren Ausmaß davon abhängt, wie weit die Windenergieanlage in den Radarstrahl hineinragt... Somit können meteorologische und wetterrelevante Phänomene hinter der Windenergieanlage nicht erfasst oder korrekt quantifiziert werden [...] Aus den vorstehend dargestellten Beeinträchtigungen der Radarmessung können sich erhebliche negative Auswirkungen auf automatisierte Warnprodukte des DWD ergeben. Automatisierte Verfahren sind angesichts der Fülle der innerhalb kurzer Zeit zu analysierenden Daten unverzichtbar [...]."[26]

In seinen Stellungnahmen bezieht sich der DWD dabei als Entscheidungsgrundlage regelmäßig auf eine Richtlinie der World Meteorological Organization (WMO) aus dem Jahr 2010. Die WMO hat im September 2010 in der „*15th Session of the Commission for Instruments and Methods of Observation (CIMO)*" u.a. beschlossen, dass bei einem

---

26 *VG Regensburg*, Urt. vom 17.10.2013 – RO 7 K 12.1702, juris, Rn. 28 ff. Die vergleichbare Argumentation findet sich auch in dem Verfahren des *VG Trier*, Urt. v. 23.03.2015 – 6 K 869/14. TR, juris, Rn. 27.

Abstand zwischen 5 km und 20 km zwischen einer Wetterradarstation und einer Windturbine ein mittlerer Einwirkungsbereich vorliegt, bei dem im Einzelnen geprüft werden muss, inwieweit eine Beeinträchtigung auftritt, weil durch die Turbine falsche Echos und Wellenerhöhungen ausgelöst werden könnten.[27] Auch das Bundesministerium für Verkehr und digitale Infrastruktur geht davon aus, dass sich weitere Beeinträchtigungen durch die Abschattung des Radarstrahls „hinter" einer Windenergieanlage ergeben können. In Windparks mit vielen Anlagen oder bei nahstehenden Windenergieanlagen führe dieser Effekt bis zur völligen Auslöschung des Signals bis in weite Entfernungen, was bei ungünstigen Bedingungen über die gesamte Nutzreichweite der Radarmessung (125 km Entfernung) nachweisbar sei.[28]

Der DWD nimmt gemessen hieran an, dass der nähere Umkreis von 5 km (sog. Exklusivzone)[29] um Wetterradarstandorte pauschal frei von Windenergieanlagen zu halten ist. In dem weiteren Radius zwischen 5 und 15 km legt der DWD Höhenbeschränkungen für Windenergieanlagen fest, um seiner Einschätzung nach sicherzustellen, dass die Radarmessung möglichst wenig beeinflusst wird. Nur in Ausnahmefällen gestattet der DWD im 5 bis 15 km-Radius Abweichungen von der Höhenbeschränkung, etwa wenn aufgrund vorhandener Geländeabschattungen störende Einflüsse auf das Radarsystem auszuschließen seien.[30] Bei Windprofilern erfolgt nach den Stellungnahmen des DWD die Festlegung von Schutzabständen auf der Grundlage einer Einzelfallprüfung.[31]

3. Rechtmäßigkeit der Wetterradaranlage und Verstoß gegen Rücksichtnahmegebot

Freilich dürfen Belange einer Wetterradaranlage im immissionsschutzrechtlichen Genehmigungsverfahren für Windenergieanlagen nur dann zur Prüfung gestellt werden, wenn die Einrichtung des DWD ihrerseits überhaupt rechtmäßig ist, d.h. die gesetzlichen und insbesondere baurechtlichen Anforderungen erfüllt.

---

27 Beschluss auf der 15. Sitzung der *Commission for Instruments and Methods of Observation (CIMO)*, Abridged final report with resolutions and recommendations, WMO-No. 1064, Kapitel 5.13 und Annex VI, abrufbar unter: http://www.wmo.int/pages/prog/www/CIMO/CIMO15-WMO1064/1064_en.pdf.
28 Siehe *Bundesministerium für Verkehr und digitale Infrastruktur (BMVI)*, Interessenskonflikte. Wetterradar und Windenergieanlagen in Deutschland, abrufbar unter: http://www.bmvi.de/SharedDocs/DE/Artikel/LR/wetterradar_und_windenergieanlagen_in_deutschland.html?nn=137860.
29 Siehe *Bundesministerium für Verkehr und digitale Infrastruktur (BMVI)*, Wetterradar und Windenergieanlagen in Deutschland.
30 Siehe *Deutscher Wetterdienst (DWD)*, Informationen zur Errichtung von Windenergieanlagen im Nahbereich der Messsysteme des Deutschen Wetterdienstes – Abstandsanforderungen und Höhenbeschränkungen, Revision 1.4 – 25.01.2013, S. 3.
31 Siehe *Deutscher Wetterdienst (DWD)*, Informationen zur Errichtung von Windenergieanlagen im Nahbereich der Messsysteme des Deutschen Wetterdienstes – Abstandsanforderungen und Höhenbeschränkungen, Revision 1.4 – 25.01.2013, S. 3.

a) Radar als baugenehmigungspflichtige Anlage

Bei der Radaranlage handelt es sich um eine bauliche Anlage im Sinne der Landesbauordnungen, d. h. um eine mit dem Erdboden verbundene, aus Bauprodukten hergestellte Anlage (vgl. z. B. § 2 Abs. 1 S. 1 Brandenburgische Bauordnung – BbgBO). Da die Bauordnung Radaranlagen von der Genehmigungserteilung nicht frei stellt (vgl. z. B. § 55 BbgBO), ist hierfür eine Baugenehmigung erforderlich, die nur dann zu erteilen ist, wenn dem Vorhaben keine öffentlich-rechtlichen Vorschriften entgegenstehen. (vgl. z. B. § 67 Abs. 1 S. 1 BbgBO).

Allerdings sind bei der baurechtlichen Genehmigung von Wetterradaranlagen – diese Anlagen unterliegen im Übrigen nur dem Bau-, nicht dem Immissionsschutzrecht – Besonderheiten zu beachten. Für solche Anlagen ist kein „typisches" Baugenehmigungsverfahren wie etwa für ein Wohnhaus durchzuführen. Vielmehr gilt hinsichtlich der Genehmigung folgende Besonderheit:

Da im Fall einer Wetterradaranlage des DWD der Bund bzw. ein Bundesland ausführender Bauherr ist, tritt an die Stelle einer sonst erforderlichen Baugenehmigung die Zustimmung der obersten Bauaufsichtsbehörde, wenn

> „1.) der öffentliche Bauherr die Leitung der Entwurfsarbeiten und die Bauüberwachung einer Baudienststelle übertragen hat und 2.) die Baudienststelle mit einem Beamten mit der Befähigung zum höheren bautechnischen Verwaltungsdienst und mit sonstigen geeigneten Fachkräften ausreichend besetzt ist. Anstelle eines Beamten des höheren bautechnischen Verwaltungsdienstes kann eine Person mit Hochschulabschluss im Bauingenieurwesen oder in Architektur beschäftigt werden, die die erforderlichen Kenntnisse der Bautechnik, der Baugestaltung und des öffentlichen Baurechts hat."[32]

Trotz dieser verfahrensrechtlichen „Erleichterung" – bauaufsichtliche Zustimmung anstatt Baugenehmigungsverfahren – unterscheidet sich das Zustimmungsverfahren nicht nennenswert vom „normalen" Genehmigungsverfahren. Insbesondere sind die Mitwirkungsbefugnisse anderer Beteiligter zu beachten, somit u. a. auch die Belange der betroffenen Standort-Gemeinde und auch der Nachbarn. Das bedeutet: Auch im bauaufsichtlichen Zustimmungsverfahren sind die Verfahrensschritte einzuhalten, die in einem regulären Baugenehmigungsverfahren gelten. Für die Anhörung der Gemeinde gilt vor diesem Hintergrund, dass sie vor der Entscheidung der obersten Bauaufsichtsbehörde anzuhören ist. Für die der Gemeinde dabei zu setzenden Fristen können die entsprechenden Grundsätze für das gemeindliche Einvernehmen herangezogen werden.[33]

Abgesehen davon umfasst die Prüfung alle für das Vorhaben maßgeblichen öffentlich-rechtlichen Vorschriften, somit auch das Bauplanungsrecht. Eine Einschränkung erfährt das bauaufsichtliche Zustimmungsverfahren nur insoweit, als z. B. in Brandenburg die §§ 12 bis 45 BbgBO sowie die bautechnischen Nachweise nicht geprüft werden (vgl. § 72 Abs. 3 S. 1 BbgBO). Für das bauaufsichtliche Zustimmungsverfahren gilt im Übri-

---

32 Vgl. z. B. die Regelung in § 72 BbgBO. Vergleichbare Regelungen enthalten auch die Landesbauordnungen der anderen Bundesländer.
33 *VGH München*, Beschl. v. 27.03.1986, BayVBl. 1986, 405.

gen grundsätzlich der gleiche Prüfungsmaßstab wie bei jedem anderen Bauantrag. Zusätzlich hat die oberste Bauaufsichtsbehörde zu prüfen, ob die von § 72 Abs. 1 BbgBO festgelegten Voraussetzungen vorliegen.[34]

Dies führt im Ergebnis zu der Feststellung, dass sich der Umfang der von der obersten Bauaufsichtsbehörde vorzunehmenden materiell-rechtlichen Prüfung grundsätzlich nach allgemeinen Regeln richtet. Auch wenn also die materiell-rechtliche Prüfung der obersten Bauaufsichtsbehörde eingeschränkt ist, gilt dies jedenfalls nicht für die Beurteilung der bauplanungsrechtlichen Zulässigkeit.[35] Damit unterscheidet sich die am Maßstab des öffentlichen Rechts, insbesondere dem Bauplanungsrecht und dem Bauordnungsrecht, vorzunehmende Überprüfung des zur bauaufsichtlichen Zustimmung gestellten Vorhabens nicht nennenswert von der Prüfung in einem Baugenehmigungsverfahren.

b) Verstoß gegen das bauplanungsrechtliche Rücksichtnahmegebot

Vor diesem Hintergrund rückt aus Sicht betroffener Windenergieplanungen vor allem das bauplanungsrechtliche Rücksichtnahmegebot in den Vordergrund. Gemäß § 35 Abs. 1 BauGB sind im Außenbereich privilegierte Vorhaben – hierzu zählt grundsätzlich auch die Errichtung einer Wetterradaranlage, die wegen ihrer besonderen Anforderungen an die Umgebung, wegen ihrer nachteiligen Wirkung auf die Umgebung bzw. wegen ihrer besonderen Zweckbestimmung nur im Außenbereich ausgeführt werden soll (§ 35 Abs. 1 Nr. 4 BauGB) – bauplanungsrechtlich nur zulässig, wenn öffentliche Belange nicht entgegenstehen und die Erschließung gesichert ist.

Vorhaben im Außenbereich, mag es sich um privilegierte oder um sonstige Vorhaben handeln, können unzulässig sein, weil sie auf die Interessen anderer im Außenbereich privilegierter Vorhaben – wie der Windenergie – nicht genügend Rücksicht nehmen, also gegen das Gebot der Rücksichtnahme verstoßen.[36] Hierbei wird das Gebot, auf schutzwürdige Individualinteressen betroffener Dritter Rücksicht zu nehmen, zwar im Katalog der öffentlichen Belange des § 35 Abs. 3 S. 1 BauGB nicht ausdrücklich aufgeführt. Seine Qualität als (dann ungenannter) öffentlicher Belang ist in der Rechtsprechung des *Bundesverwaltungsgerichts* aber durch ständige Rechtsprechung bestätigt. Eine besondere gesetzliche Ausformung hat das Rücksichtnahmegebot dabei in § 35 Abs. 3 S. 1 Nr. 3 BauGB gefunden, wonach ein Vorhaben keine schädlichen Umwelteinwirkungen hervorrufen darf. Freilich gilt das Rücksichtnahmegebot aber auch in Fällen, in denen nicht schädliche Umwelteinwirkungen, sondern sonstige nachteilige Wirkungen in Rede stehen.[37]

---

34 Siehe *Jäde,* in: Jäde u. a. (Hrsg.), Bauordnungsrecht Brandenburg. Kommentar, 41. EL, Februar 2006, § 72, Rn. 23.
35 *Reimus/Semtner/Langer,* Die neue Brandenburgische Bauordnung. Handkommentar, 3. Aufl. 2009, § 72, Rn. 9.
36 Vgl. *BVerwG,* Urt. v. 25.02.1977 – IV C 22.75, NJW 1978, 62, 63.
37 *BVerwG,* Urt. v. 21.01.1983 – 4 C 59.79, NVwZ 1983, 609; Urt. v. 18.11.2004 – 4 C 1/04, NVwZ 2005, 328.

Anders formuliert: Das *Bundesverwaltungsgericht* hat den im Außenbereich privilegierten Vorhaben einen nachbarlichen Abwehranspruch zugestanden,

"soweit damit ihre Privilegierung infrage gestellt oder zumindest das in § 35 Abs. 3 S. 1 Nr. 3 BauGB enthaltene Rücksichtnahmegebot verletzt werden würde."[38]

Vor diesem Hintergrund können sich Radaranlagen vor allem in den Fällen als bauplanungsrechtlich rücksichtslos erweisen, wenn sie aufgrund der Einwände des DWD die Planung von Windenergieanlagen in regionalplanerisch festgelegten Vorrang- oder Eignungsgebieten für die Windenergienutzung be- oder vollständig verhindern. Diese Konstellation stellt sich vergleichbar der sogenannten „heranrückenden" Wohnbebauung an ein im Außenbereich immissionsschutzrechtlich privilegiertes Vorhaben dar:

In der Rechtsprechung ist insoweit geklärt, dass ein im Außenbereich privilegierter Betrieb auf das Rücksichtnahmegebot gestützt eine neu hinzutretende Bebauung abwehren kann – und zwar unabhängig davon, ob die heranrückende Bebauung ihrerseits privilegiert ist oder nicht –, wenn diese zu einer Einschränkung des privilegierten Betriebes oder eines bestehenden Erweiterungsinteresses führt.[39] Dies kann übertragen werden auf Windenergievorhaben. Windenergieunternehmen können somit im Rahmen des Rücksichtnahmegebotes berechtigt sein, einer Beeinträchtigung der privilegierten Ausnutzung eines Windvorrang- oder -eignungsgebietes durch eine hinzutretende Radaranlage entgegenzutreten, ungeachtet der Tatsache, dass das Radar seinerseits privilegiert ist.

Abgesehen davon ist festzustellen, dass der DWD Wetterradaranlagen ohne Rücksicht auf bestehende Verhältnisse inmitten zahlreicher Windparks plant. So sind beispielsweise von den „Auswirkungen" des neuen Wetterradars am Standort Prötzel (Brandenburg) in angrenzenden Windparks aktuell 138 WEA-Standorte betroffen. Aufgrund ihrer bisherigen Betriebsdauer sollen in den kommenden Jahren dort aber viele Anlage erneuert (repowert) werden. Folgte man der Auffassung des DWD, wäre dies in dem vom DWD geforderten „Ausschlussgebiet" in vorhandenen Windparks in Zukunft nicht mehr möglich.

IV. Rechtliche Bewertung durch das *VG Regensburg* und das *VG Trier*

Da sich, wie eingangs beschrieben, der DWD nicht auf seine eigenen Forderungen über die Abstände zu einer neu errichteten Windkraftenergieanlage berufen kann, ist jedes Verfahren von den Gerichten individuell zu beurteilen. Diese fallbezogene Prüfung hat zur Folge, dass die Urteile des *VG Trier* und des *VG Regensburg* eine unterschiedliche Sichtweise auf doch sehr vergleichbare Sachverhalte aufweisen.

---

38 Vgl. *Söfker* in Ernst/Zinkahn/Bielenberg/Krautzberger, Baugesetzbuch, 115. EL 2014, § 35, Rn. 185 m.w.N.
39 *BVerwG*, Beschl. v. 01.09.1993 – 4 B 93/93, juris, Rn. 9; Urt. v. 10.12.1982 – 4 C 82/81, juris.

1. VG Regensburg

Auslöser des beim *VG Regensburg* entschiedenen Verwaltungsrechtsstreits ist ein immissionsschutzrechtliches Genehmigungsverfahren gewesen für die Errichtung einer 196 m hohen Windenergieanlage, die in einer Entfernung von ca. 11,5 km zu der vom DWD betriebenen Wetterradarstation auf dem Eisberg (Landkreis Schwandorf, Bundesland Bayern) errichtet werden soll. Der DWD hat zum Genehmigungsantrag eine ablehnende Stellungnahme abgegeben, da die Anlage die aus Sicht des DWD in dieser Entfernung maximal zulässige Höhe von 808,00 m ü. NN überschreitet (827,90 m ü. NN).[40]

Daraufhin hat die zuständige Immissionsschutzbehörde des Landratsamtes Schwandorf die Erteilung einer immissionsschutzrechtlichen Genehmigung abgelehnt. Zur Begründung hat sie die Ansicht vertreten, dem Vorhaben stünden öffentliche Belange gemäß § 35 Abs. 3 S. 1 Nr. 8 BauGB entgegen. Es werde von einer Störung des DWD-Wetterradars ausgegangen, mit der Folge, dass korrekte Vorhersagen für die Erkennung von Wettergefahren für die Bevölkerung, die Industrie, die Landwirtschaft sowie für den zivilen und militärischen Flugverkehr nicht oder nicht frühzeitig getroffen werden könnten. Die Störung werde durch das von der Vorhabenträgerin im Verfahren vorgelegte Gutachten auch nicht widerlegt.

Die Auffassung der Genehmigungsbehörde hat das *VG Regensburg* auf die Klage der Vorhabenträgerin, die gegen die Ablehnung der Genehmigung vorgegangen ist, in der 1. Instanz im Wesentlichen bestätigt. Das Gericht hat ausgeführt, das Vorhaben störe die Funktionsfähigkeit von Funkstellen und Radaranlagen im Sinne § 35 Abs. 3 S. 1 Nr. 8 BauGB[41], weil die Errichtung den Betrieb des Wetterradarsystems des DWD auf dem Eisberg beeinträchtigen würde. Hierbei hat das Gericht bei der im Rahmen des § 35 Abs. 3 S. 1 Nr. 8 BauGB durchzuführenden zweistufigen Prüfung[42] zunächst angenommen, die auf der ersten Stufe festzustellende technische Einwirkung liege vor, weil die streitgegenständliche Anlage aufgrund ihrer Höhe durch die Radarsendeantenne des DWD erfasst werde.[43]

Anschließend hat sich das Verwaltungsgericht mit der Frage befasst, ob dem DWD als Träger der Funkanlage bei der Einschätzung, ob durch die Störung der der Radaranlage zugewiesene Zweck in nicht mehr hinzunehmender Weise eingeschränkt wird, ein Beurteilungsspielraum zugebilligt werden kann. Hierbei hat das *VG Regensburg* zunächst klargestellt, dass der DWD zwar Bundesbehörde sei, ihm aber keine ähnliche Rechtspo-

---

40 In seinen „Informationen zur Errichtung von Windenergieanlagen im Nahbereich der Messsysteme des Deutschen Wetterdienstes – Abstandsanforderungen und Höhenbeschränkungen", Rev. 1.4 vom 25.01.2013 hat der *DWD* in einer Tabelle zusammengefasst, welcher Abstand in Abhängigkeit der Anlagenhöhe von seinen Wetterradarstationen eingehalten werden soll (dort S. 6).
41 Siehe zu den rechtlichen Grundlagen oben im Text bei Fn. 7.
42 Auf der ersten Stufe ist festzustellen, ob das Radar durch ein Vorhaben tatsächlich technisch beeinflusst wird. Auf der zweiten Stufe ist zu prüfen, ob sich diese Störung auf die Funktionsfähigkeit des Radars auswirkt, was der Fall ist, wenn der der Radaranlage zugewiesene Zweck in nicht hinzunehmender Weise eingeschränkt wird.
43 *VG Regensburg*, Urt. v. 17.10.2013 – RO 7 K 12.1702, juris, Rn. 35.

sition wie die der Bundeswehr zukomme, die in Fragen der Landesverteidigung und des hierfür erforderlichen Luftverteidigungs-Radaranlagenbetriebs das letzte Wort hat.[44]

Allerdings hat sich das *VG Regensburg* dann auf den Weg gemacht, zugunsten des DWD das

„*Bestehen eines fachwissenschaftlichen Beurteilungsspielraums*" *zu konstruieren. Ein solcher werde – so die Urteilsbegründung – „auch sonst bei Erkenntnisproblemen in Bereichen von Naturwissenschaft und Technik angenommen. So ist z. B. die naturschutzfachliche Einschätzungsprärogative der Naturschutzbehörde bei der artenschutzrechtlichen Prüfung anerkannt (vgl. z.B. BVerwG, U. v. 27.6.2013 – 4 C 1/12 – juris Rdnr. 14 unter Bezugnahme auf ältere Entscheidungen). Nach Auffassung der Kammer ist die Annahme eines entsprechenden Beurteilungsspielraums auch in der vorliegenden Fallkonstellation geboten. Es kann dabei dahinstehen, inwieweit überhaupt der Umfang der Erfassung von Windenenergieanlagen durch Radaranlagen und deren genauer Störbereich nach allgemeinen Mess- und Berechnungsverfahren objektiv ermittelt werden kann (nach der Erläuterung in der mündlichen Verhandlung z.B. wohl nicht bezüglich des Seitenstrahls). Jedenfalls ist für die Frage der Funktionsfähigkeit der Radaranlage entscheidend die Auswirkung der Störwirkung der Windkraftanlage auf die Auswertung und Interpretation der Daten und damit letztlich auf die verschiedenen vom Beigeladenen zu 1 (DWD) angebotenen Produkte. Es liegt auf der Hand, dass Umfang und Qualität dieser Auswirkung nur von diesem selbst wegen der detaillierten Kenntnis der weiteren Prozesse der Datenverarbeitung beurteilt werden kann und deshalb auch nur er selbst bewerten kann, ob eine (noch) akzeptable Beeinträchtigung vorliegt.*"[45]

Infolge des dem DWD zugebilligten Einschätzungsspielraums sei die gerichtliche Kontrolle auf die Überprüfung beschränkt gewesen, ob die Immissionsschutzbehörde bei der Ablehnung der Genehmigung von einem zutreffenden Sachverhalt ausgegangen ist, den Rahmen der gesetzlichen Ermächtigung erkannt hat und sich von sachgerechten Erwägungen hat leiten lassen. Sie hat bei der hier von der Behörde vorzunehmenden Einschätzung des Gefährdungspotenzials auch eine Prüfung dahingehend umfasst, dass diese nicht auf willkürlichen Annahmen oder offensichtlichen Unsicherheiten beruht oder in sich widersprüchlich und aus sonstigen Gründen nicht nachvollziehbar ist.[46]

In seiner weiteren Betrachtung ist das Gericht sodann auch den Ausführungen und Fehlerberechnungen des DWD zum Bestehen einer unzulässigen Störung gefolgt – selbst wenn, so die Richter, der dem DWD zugebilligte Beurteilungsspielraum nicht bestünde. Hierbei ist das Gericht im Ergebnis der mündlichen Verhandlung davon ausgegangen, dass alle Daten aus dem Störbereich der Windkraftanlage nicht verwendbar seien und sich nicht erfasste Segmente ergäben. Denn die Beeinflussung der Datenerfassung im Bereich

---

44 Zur Letztentscheidungskompetenz der Bundeswehr in Fragen der Landesverteidigung *OVG Lüneburg*, Urt. v. 13.04.2011 – 12 ME 8/11, auf das sich die Genehmigungsbehörde bei der Ablehnung der Genehmigung (zu Unrecht – so auch *VG Regensburg*, Urt. v. 17.10.2013 – RO 7 K 12.1702, juris, Rn. 37) gestützt hatte.
45 *VG Regensburg*, Urt. v. 17.10.2013 – RO 7 K 12.1702, juris, Rn. 37.
46 *VG Regensburg*, Urt. v. 17.10.2013 – RO 7 K 12.1702, juris, Rn. 37.

der Wetterradarerfassung sei – dies haben alle Beteiligten bestätigt – nach dem derzeitigen Stand der Technik weder durch Maßnahmen an den Windenergieanlagen (Beschichtung etc.) noch durch ein Herausrechnen von Einflüssen der Windenergieanlagen bei der Datenverarbeitung möglich. Da zudem Wetterereignisse naturgemäß flächendeckend entstehen können, ist nach Auffassung des Gerichts für die möglichst exakte Erfassung von Wetterereignissen der Verzicht auf bestimmte Segmente problematisch,

> *„zumal eine evtl. Potenzierung eines sich aufgrund der unvollständigen Daten ergebenden Fehlers in den weiteren automatisierten Datenverarbeitungsprozessen kaum vorauszusehen oder einzuschätzen sein dürfte. Insoweit besteht eine andere Interessenlage als bei einem Flugsicherungsradar, bei dem die Auswirkung eines fehlenden Segments bei der Erfassung sich nähernder Flugobjekte relativ klar ist und deshalb auch das Risiko der unvollständigen Datenerhebung berechenbar ist."*[47]

Abgesehen davon hat das *VG Regensburg* zwar eingeräumt, es sei eher unwahrscheinlich, dass es durch die möglichen Fehler in der Erfassung zu falschen Auswertungen und damit falschen oder unterbliebenen Warnmeldungen kommt. Eventuell verfälschte Daten könnten jedenfalls außerhalb des Nahbereichs derzeit noch durch benachbarte Radaranlagen korrigiert werden. Allerdings hat das Gericht dem DWD zugebilligt, Vorsorge zu treffen, indem künftig die Umgebung der bestehenden Standorte generell von störenden Einflüssen freigehalten werden soll, *„weil sonst letztlich durch die Summe aller Störungen in Frage gestellt ist, dass eine flächendeckende Erfassung des Bundesgebiets in einer noch auswertbaren Art und Weise möglich bleibt."*[48]

2. VG Trier

Völlig anders hat in seinem Urteil das *VG Trier* die Situation bewertet. Der gerichtlichen Entscheidung vorausgegangen ist eine jahrelange Auseinandersetzung zwischen den Parteien, ob die betreffenden geplanten Windenergieanlagen im Nahbereich eines Wetterradars störend sind. Dabei geht es um Betrieb von zwei Windkraftanlagen des Typs „Enercon E-82" mit einer Nabenhöhe von 138,38 m, einem Rotordurchmesser von 82 m und einer Leistung von 2,3 MW. Gegen das Vorhaben hat sich der DWD mit der Begründung gewandt, er betreibe in circa 9,7 km bis 10,7 km Entfernung zu den geplanten Standorten eine Wetterradaranlage. Die Prüfung der eingereichten Pläne habe ergeben, dass eine Inbetriebnahme der Windkraftanlagen zu Beeinträchtigungen der Datenqualität ihrer Produkte führe. Der Errichtung der Windkraftanlagen könne daher nicht zugestimmt werden.

Der DWD hat sich dabei wiederholt auf den Standpunkt gestellt, es käme lediglich darauf an, ob er selbst der Auffassung sei – unter Berücksichtigung der Empfehlungen der WMO –, dass diese geplanten Anlagen stören werden.[49] Darüber hinaus bedürfe

---

47 *VG Regensburg*, Urt. v. 17.10.2013 – RO 7 K 12.1702, juris, Rn. 40 ff.
48 *VG Regensburg*, Urt. v. 17.10.2013 – RO 7 K 12.1702, juris, Rn. 43.
49 So wie es auch durch das *VG Regensburg* (s. o.) hinsichtlich des begrenzten Beurteilungsspielraumes gesehen wurde.

es keinerlei näheren Erläuterungen, wie genau und weshalb der DWD eine Störung erwarte. Als sich hiervon weder die Genehmigungs- noch die Widerspruchsbehörde haben beeindrucken lassen und die Genehmigung für die geplanten WEA erteilt worden ist, hat der DWD Klage zum *VG Trier* erhoben. Das Gericht hat in diesem Fall – anders als das *VG Regensburg* – die erteilte Genehmigung für die beiden Windenergieanlagen als rechtmäßig erachtet.

Die Frage, ob eine Störung des Wetterradars vorliegt, hat das *VG Trier* nach Anhörung eines gerichtlich bestellten Sachverständigen zunächst wie folgt beantwortet:

> *„Für die Frage, wann ein Wetterradar gestört ist, fehlt es an konkreten gesetzlichen oder anderweitigen rechtlich konkretisierenden Festlegungen. Auch die Empfehlungen der WMO sind offen formuliert. Die Richtlinien der WMO – [...] sehen vor, dass innerhalb einer Zone moderater Beeinflussung (5–20 km Abstand) die topographischen Gegebenheiten zu beachten sind. Genauere Untersuchungen des Einflusses werden angeraten. Durch Verlagerung einzelner Windkraftanlagen könne der Einfluss verringert werden. Ausgehend von dem Empfehlungen der WMO hat das Gericht den Sachverständigen Dr. H., an dessen Fachkenntnis und Unvoreingenommenheit die Kammer keinen Zweifel hat, mit der Beantwortung der Frage beauftragt, ob es durch die geplanten Windkraftanlagen zu Störungen der Funktionsfähigkeit des Wetterradars der Klägerin kommt. Aufgrund des vorgenannten Sachverständigengutachtens ist das Gericht zu der Überzeugung gelangt, dass eine Störung des Wetterradars und damit eine Beeinträchtigung öffentlicher Belange vorliegt."* [50]

Allerdings: Auch wenn das *VG Trier* zwar eine Störung des Radars angenommen hat, ist damit noch nicht geklärt, ob der beeinträchtigte öffentliche Belang der Radaranlage dem von § 35 Abs. 1 Nr. 5 BauGB privilegierten Vorhaben einer Windenergieanlage auch entgegensteht. Ob dies der Fall ist, ist nach der Rechtsprechung des *Bundesverwaltungsgerichts,* dem das *VG Trier* gefolgt ist, im Wege einer „nachvollziehenden" Abwägung zu ermitteln. Dabei sind die öffentliche Belange je nach ihrem Gewicht und dem Grad ihrer nachteiligen Betroffenheit einerseits und das Kraft der gesetzlichen Privilegierung gesteigert durchsetzungsfähige Privatinteresse an der Verwirklichung des Vorhabens andererseits einander gegenüberzustellen.[51]

Das Gericht hat dabei zunächst – anders als das *VG Regensburg* – dem DWD keinen Einschätzungsspielraum zuerkannt:

> *„Ebenso wenig vermag die Kammer zu erkennen, dass die privaten Belange der Beigeladenen ohne Weiteres zurückzutreten hätten, weil nur die Klägerin kraft eines „Beurteilungsspielraums" beurteilen könne, wann ihre Radaranlage in unzumutbarer Weise gestört werde."* [52]

---

50 *VG Trier,* Urt. v. 23.03.2015 – 6 K 869/14.TR, juris, Rn. 71.
51 *BVerwG,* Urt. v. 27.01.2005 – 4 C 5.04, Beschl. v. 05.09.2006 – 4 B 58.07, juris.
52 *VG Trier,* Urt. v. 23.03.2015 – 6 K 869/14.TR, juris, Rn. 75.

Im Ergebnis seiner Abwägung hat das *VG Trier* sodann eine Beeinträchtigung der Radaranlage ausgeschlossen, die der Genehmigung der Windenergieanlagen entgegenstehen würde, da der DWD der Störung seines Wetterradars

> *„durch eine Weiterentwicklung [ihrer] Datenverarbeitung wirksam entgegenwirken kann. Hierbei berücksichtigt das Gericht, dass auch in der Rechtsprechung zum baurechtlichen Gebot der Rücksichtnahme anerkannt ist, dass der gestörte Grundstücksnutzer unter gewissen Umständen verpflichtet sein kann, durch mögliche und zumutbare Maßnahmen der „architektonischen Selbsthilfe" auf die von einer benachbarten Anlage ausgehenden Immissionen seinerseits Rücksicht zu nehmen (BVerwG, Urteil vom 23. September 1999 – Aktenzeichen 4 C 6.98 –, BRS 62, Nr. 86; OVG RP, Beschluss vom 27. Oktober 2008 – OVG Koblenz 8 A 10927/08. OVG –). Die gleichen Überlegungen müssen nach Ansicht des Gerichts auch gelten, wenn ein Grundstücksnutzer oder Anlagenbetreiber durch eigene technische Maßnahmen Beeinträchtigungen seiner Anlage in zumutbarer Weise abwenden kann. Weiterhin ist im Rahmen der Abwägung zu sehen, dass auch die Klägerin als Betreiberin einer nicht genehmigungsbedürftigen Anlage nach Maßgabe von § 22 Nummer 2 BImSchG verpflichtet ist, nach dem Stand der Technik unvermeidbare schädliche Umwelteinwirkungen auf ein Mindestmaß zu beschränken. Unter Berücksichtigung der vorgenannten Grundsätze hat das Gericht den Sachverständigen zusätzlich gebeten, zu untersuchen, ob die Beeinträchtigungen des Wetterradars durch geeignete technische Maßnahmen abgemildert werden können."*[53]

Da die Standorte der Windenergieanlagen bekannt sind, ist es nach Ansicht des Gerichts möglich, solche Messwerte, die potenziell von einer Windenergieanlage beeinflusst sein könnten, aus der weiteren Verwertung auszuschließen. Die deswegen fehlenden Messwerte müssten durch Werte von benachbarten Orten geschätzt werden. Dadurch lasse sich der Einfluss der Windenergieanlagen auf die Gewitter- und Hagelerkennung deutlich minimieren. Auch ist diese „architektonische Selbsthilfe" mit keinerlei zusätzlichen finanziellen Belastungen für den DWD verbunden:

> *„Auf Nachfragen in der mündlichen Verhandlung hat der Sachverständige auch plausibel machen können, dass die Interpolation von Daten aus der näheren Umgebung zwar nicht ‚kostenlos' sei, jedoch technisch machbar und umsetzbar. Zwar müssten hier die Daten der Windenergieanlagen in das elektronische System des Deutschen Wetterdienstes eingepflegt werden, was einen gewissen Arbeitsaufwand erfordere. Jedoch sei dies praktisch machbar."*[54]

Es kommen für die DWD also Verfahren in Betracht, um Fehlermeldungen durch Windenergieanlagen zu vermeiden. Hierzu das Gericht weiter:

> *„Der Sachverständige Dr. H. hat in seinem Gutachten sowie in der mündlichen Verhandlung überzeugend dargelegt, dass Fehlermeldungen durch eine geeignete*

---

53 *VG Trier*, Urt. v. 23.03.2015 – 6 K 869/14.TR, juris, Rn. 76.
54 *VG Trier*, Urt. v. 23.03.2015 – 6 K 869/14.TR, juris, Rn. 81.

Veränderung der Datenverarbeitung entgegengewirkt werden kann. Er hat ausgeführt, dass die Klägerin derzeit die Einflüsse der Windenergieanlagen in den Basisdaten bei der weiteren Datenverarbeitung ignoriere. Entsprechend könnten sich die Einflüsse derzeit auch in den abgeleiteten Produkten auswirken. Da von Windenergieanlagen herrührende Echos sehr stark sein könnten, komme es tendenziell zu ungewünscht frühen Warnungen vor Gewittern und Hagel. Da die Windenergieanlagen-Echos die Geschwindigkeitsmessungen unbrauchbar machten, sei die Erkennung von Rotationsmustern in Bodennähe erschwert oder unmöglich. Der Sachverständige Dr. H. hat indessen in seinem Gutachten sowie in der mündlichen Verhandlung ausgehend von der bisherigen Verfahrensweise der Klägerin (Szenario A) mehrere Varianten aufgezeigt, durch die die Datensätze verbessert werden können. Da die Standorte von Windenergieanlagen bekannt seien, könnten und sollten die Messwerte, die potentiell von einer Windenergieanlage beeinflusst seien, aus der weiteren Verwertung ausgeschlossen werden." [55]

Im Ergebnis hat das *VG Trier* zusammengefasst:

„In jedem Fall erscheint es der Klägerin zumutbar, die Standorte der Windkraftanlagen herauszurechnen und Datenlücken durch Interpolation zu schließen." [56]

Der öffentliche Belang der störungsfreien Funktion von Radaranlagen ist damit kein Grund, um Windenergieanlagen abzulehnen.

3. Gutachten für das Land Baden-Württemberg

Fachlichen „Beistand" hat das *VG Trier* aktuell durch zwei Gutachten (ein Rechts- und ein Fachgutachten) erhalten, die im Auftrag des Ministeriums für Umwelt, Klima und Energiewirtschaft Baden-Württemberg durch erarbeitet worden sind.[57]

Im Ergebnis sind die Gutachter zu der Einschätzung gelangt, dass die Einwände des DWD gegen die Errichtung von Windenergieanlagen erheblich weniger einschneidend sind, als vom DWD behauptet wird und auch als vom *VG Regensburg* angenommen worden ist. Auch nach diesen Gutachten steht fest, dass im behördlichen Entscheidungsprozess pauschale Angaben oder Schutzradien gegen die Genehmigung von Windenergievorhaben nicht eingewandt werden können. Bei der Abwägung der widerstreitenden Interessen – Windenergienutzung gegen Radaranlagenbetrieb – ist zu berücksichtigen, dass der DWD eine Beeinträchtigungen seiner Wetterradaranlagen, die nur lokale Wirkungen zeigen, hinzunehmen hat.

Zudem ist der DWD auch nach Auffassung der Gutachter verpflichtet, eigene technische Maßnahmen zu ergreifen, um die Beeinflussung seiner Anlagen zu verringern. Zuletzt trägt schließlich allein der DWD die Darlegungslast für den Nachweis einer un-

---

55 *VG Trier*, Urt. v. 23.03.2015 – 6 K 869/14.TR, juris, Rn. 77.
56 *VG Trier*, Urt. v. 23.03.2015 – 6 K 869/14.TR, juris, Rn. 83.
57 Vgl. Fn. 5.

zulässigen Störung, zumal eine solche nach Ansicht der Gutachter in jedem Fall deutlich innerhalb des 5 km-Radius um Radar anzunehmen ist.

V. Zusammenfassung und Ausblick

Abzulehnen ist die Entscheidung des *VG Regensburg*. Insbesondere die Argumentation, mit der die Kammer dem DWD eine aus dem Naturschutzrecht abgeleitete Einschätzungsprärogative, d. h. einen gerichtlich nicht voll überprüfbaren Beurteilungsspielraum zugebilligt hat, überzeugt wenig. Das Gericht spricht damit mittelbar dem Investor das Recht ab, auf der Grundlage eigener Gutachten die Ansicht des DWD zum Vorliegen einer Störung zu widerlegen. Hinzu kommt, dass zum einen die Naturschutzrechtliche Einschätzungsprärogative in der juristischen Fachliteratur selbst zunehmend kritisch gesehen wird.[58]

Die Naturschutzfachliche Einschätzungsprärogative ist auf die Annahme gestützt worden, die Entscheidung einer Naturschutzbehörde enthalte prognostische Elemente, es fehle an einem rechenhaft handhabbaren Verfahren und maßgeblich seien spezielle artenschutzfachliche Kriterien. Daher sei die gerichtliche Kontrolle dieser Entscheidung auf eine Vertretbarkeitskontrolle beschränkt.[59] Hierbei verkennen die Gerichte aber – wie die Kritik an der Naturschutzrechtlichen Einschätzungsprärogative deutlich macht –, dass auch die Naturschutzbehörden von der Hinzuziehung externen Sachverstandes abhängig sind. Daher erschließt sich nicht, warum ausschließlich die Genehmigungsbehörden prädestiniert sein sollen, die abschließende Bewertung zu treffen, ohne dass nicht auch den Gerichten dieselbe, auf die Hilfe durch Sachverständige gestützte Kompetenz zustehen kann.

Dieser „Kompetenzverzicht" durch die Gerichte wird mit Blick auf die Rechtsweggarantie gemäß Art. 19 Abs. 4 GG und das Gewaltenteilungsprinzip gemäß Art. 20 Abs. 2 GG zu Recht als bedenklich eingeschätzt.[60] Außerdem lassen sich entgegen der Annahme des *VG Regensburg* die Grundlagen der Naturschutzfachlichen Einschätzungsprärogative nicht auf die technischen Fragen der Störung eines Radars übertragen, die auf der Basis mathematischer Berechnungen ermittelt werden. Das *VG Regensburg* geht in seiner Argumentation davon aus, es sei nicht klar, inwieweit überhaupt der Umfang der Erfassung von Windenergieanlagen durch Radaranlagen und deren genauer Störbereich nach allgemeinen Mess- und Berechnungsverfahren objektiv ermittelt werden kann. Sodann spricht das Gericht aber allein dem DWD die Fähigkeit zu, für die Frage der Funktionsfähigkeit der Radaranlage die Auswirkung der Störwirkung der Windenergieanlagen auf die Auswertung und Interpretation der Daten ermitteln zu können. Es liege für das Gericht

> „auf der Hand, dass Umfang und Qualität dieser Auswirkung nur von diesem selbst wegen der detaillierten Kenntnis der weiteren Prozesse der Datenverarbeitung be-

---

58 Vgl. *Brandt*, NuR 2013, 482 ff.; *ders.*, ZNER 2014, 114; *Gellermann*, NuR 2014, 597; *Ratzbor/ Willmann*, ZNER 2014, 292–294.
59 Siehe hierzu u. a. *OVG Magdeburg*, Urt. v. 26.10.2011 – 2 L 1741/09, juris.
60 Vgl. *Brandt*, NuR 2013, 482, 483.

urteilt werden kann und deshalb auch nur er selbst bewerten kann, ob eine (noch) akzeptable Beeinträchtigung vorliegt."[61]

Grundlage für die Entwicklung einer Einschätzungsprärogative ist jedoch die Annahme gewesen, es fehle (im Artenschutz) u. a. an einer handhabbaren Berechnungsmethode, mit deren Hilfe etwa das Kollisionsrisiko für Fledermäuse bzw. das Vorliegen der Verbotstatbestände nach § 44 Abs. 1 BNatSchG ermittelt werden kann. Dies gilt aber – abgesehen von der grundsätzlichen Kritik – nicht in gleichem Maße für die Bewertung einer Störung der Wetterradaranlagen des DWD, die durch mathematische Rechenmodelle bestimmt wird. Warum dies nur der DWD kann, sodass sich das Gericht nicht mit Hilfe von Sachverständigen eine eigene Meinung bilden kann, erscheint wenig schlüssig. Hier bleibt die Hoffnung, dass sich in der nächsten Instanz der *VGH München* mit dieser Frage noch einmal genauer befasst und mehr Argumentationsaufwand betreibt, als es dem *VG Regensburg* in seinem Urteil zu dieser wichtigen Frage in einem kurzen Absatz Wert gewesen ist.

Die Entscheidung des *VG Trier* verdient dagegen volle Zustimmung. Das Gericht hat sich auf der Grundlage der ihm im Rahmen des Rücksichtnahmegebotes zustehenden vollen Prüfungskompetenz und auf der Basis eines Sachverständigengutachtens intensiv mit der technischen Frage auseinandergesetzt, ab wann der Betrieb eines Wetterradars des DWD relevant durch Windenergieanlagen beeinträchtigt wird.

Nach zutreffender Auffassung des Gerichtes ist im Konflikt der Windenergieprojekte und des DWD aufeinander Rücksicht zu nehmen, sind nicht nur einseitig Forderungen zu stellen. So hat nach Anhörung des Sachverständigen für das Gericht zweifelsohne festgestanden, dass auf die eher begrenzte Beeinflussung der Wetterradaranlage durch Windenergieanlagen mit Hilfe einer Anpassung der Datenverarbeitung durch den DWD hinreichend und auch zumutbar reagiert werden kann. Belange der Wetterradaranlage stehen den genehmigten Windenergieanlagen nicht entgegen. Insbesondere kann sich der DWD nicht der Verantwortung mit dem Argument entziehen, ihm kämen keine Pflichten zu. Diesbezüglich hat der Sachverständige dem Gericht schlüssig und plausibel dargelegt, dass es dem DWD durchaus möglich ist, geeignete Maßnahmen für die Vermeidung von erheblichen Beeinflussungen im Rahmen der Datenverarbeitung zu ergreifen. Das bauplanungsrechtliche Rücksichtnahmegebot beinhaltet nämlich auch, dass der gestörte Grundstücksnutzer unter gewissen Umständen verpflichtet ist, durch mögliche und zumutbare Maßnahmen auf die von einer Anlage ausgehenden Immissionen seinerseits Rücksicht zu nehmen.[62]

Ein kleiner Wermutstropfen verbleibt zwar. Trotz der frühen Beteiligung des DWD im Regionalplanverfahren, in dem an den betreffenden Standorten Vorranggebiete für die Windenergienutzung festgelegt, aber vom DWD keine Einwände geltend gemacht worden waren, hat das Gericht keinen „Verbrauch" der Einwände des DWD angenommen (sog. „Abwägungsabsichtungsvorbehalt"[63]). Abseits der eventuell folgenden Rechtsmittel-

---

61 *VG Regensburg,* Urt. v. 17.10.2013 – RO 7 K 12.1702, juris, Rn. 37.
62 Vgl. *BVerwG,* Urt. v. 23.09.1999 – 4 C 6.98; *OVG Koblenz,* Beschl. v. 27.10.2008 – 8 A 10927/08.OVG, juris.
63 Vgl. *Mitschang/Reidt* in: Battis/Krautzberger/Löhr, BauGB, § 35 Rn. 110.

entscheidung dürfte das Urteil des *VG Trier* gleichwohl weit über den Einzelfall hinausgehende Signalwirkung für sämtliche Konflikte mit dem DWD beanspruchen können.

Inzwischen ist wohl auch beim DWD angekommen, dass die Zeiten der wenig konkreten Einwände des DWD und der Verweis auf angeblich hochgradig gefährliche Unwetterkatastrophen vorbei sind. Hier ist eine klare Tendenz der Gerichte zugunsten von Windenergievorhaben spürbar, sodass Investoren und Vorhabenträger solcher Anlagen zuversichtlicher in die Zukunft blicken können.

Literaturverzeichnis

Airbus Defence and Space GmbH, Grundsatzuntersuchung zu den Errichtungsmöglichkeiten von Windenergieanlagen im Schutzbereich der Wetterradaranlage Türkheim des Deutschen Wetterdienstes (DWD). Durchführung: A. Frye/M. Aden; Auftraggeber: Ministerium für Umwelt, Klima und Energiewirtschaft, Bremen, 31.03.2015 (redigierte Fassung von 16.07.2015), abrufbar unter: http://um.baden-wuerttemberg.de/fileadmin/redaktion/m-um/intern/Dateien/Dokumente/5_Energie/Erneuerbare_Energien/Windenergie/Fachgutachten_Wetterradar_Tuerkheim.pdf

Battis, Ulrich/Michael Krautzberger/Rolf-Peter Löhr, Baugesetzbuch: BauGB. Kommentar, 12. Auflage, München 2014

Brandt, Edmund, Anmerkung zum Urteil des Bundesverwaltungsgericht vom 21.11.2013 – BVerwG 7 C 40.11 – Zur naturschutzfachlichen Einschätzungsprärogative, Zeitschrift für Neues Energierecht (ZNER) 2014, S. 114 – 115

Brandt, Edmund, Tötungsrisiko und Einschätzungsprärogative. Zugleich Anmerkung zum Urteil des OVG Magdeburg vom 16.5.2013, NuR 2013, 514, Natur und Recht (NuR) 2013, S. 482 – 484

Bundesministerium für Verkehr und digitale Infrastruktur (BMVI), Interessenskonflikte. Wetterradar und Windenergieanlagen in Deutschland, abrufbar unter: http://www.bmvi.de/SharedDocs/DE/Artikel/LR/wetterradar_und_windenergieanlagen_in_deutschland.html?nn=137860

Bundesverband WindEnergie e. V. (BWE), Hintergrundpapier: Windenergieprojekte unter Berücksichtigung von Luftverkehr und Radaranlagen, Berlin, November 2013, abrufbar unter: https://www.wind-energie.de/sites/default/files/attachments/page/arbeitskreis-luftverkehr-und-radar/20131108-bwe-hintergrundpapier-radar.pdf

Bundesverband WindEnergie e. V. (BWE), BWE-Hintergrundpapier Windenergieprojekte unter Berücksichtigung von Luftverkehr und Radaranlagen, Berlin, Juli 2014, abrufbar unter: https://www.wind-energie.de/sites/default/files/attachments/page/arbeitskreis-luftverkehr-und-radar/20140901-bwe-hintergrundpapier-windenergie-luftverkehr-radar.pdf

Bundesverband WindEnergie e. V. (BWE), Wetterradar trotz Windkraftanlagen leistungsfähig, Pressemitteilung v. 08.05.2015, abrufbar unter: https://www.wind-energie.de/presse/pressemitteilungen/2015/wetterradar-trotz-windkraftanlagen-leistungsfaehig

Deutscher Wetterdienst (DWD), Informationen zur Errichtung von Windenergieanlagen im Nahbereich der Messsysteme des Deutschen Wetterdienstes. Abstandsanforderungen und Höhenbeschränkungen, Revision 1.4 – 25.01.2013, abrufbar unter: https://www.energieatlas.bayern.de/file/pdf/944/2012_05_10_Anforderungen%20_DWD_WEA_Radar_V1.3.pdf.

Deutscher Wetterdienst (DWD), Windenergieanlagen verfälschen Messungen des Wetterradars. Unwetterwarnungen oder Strom aus Windenergie?, Offenbach 2015, abrufbar unter: http://www.dwd.de/SharedDocs/broschueren/DE/presse/Windenergie_kontra_Radar_PDF.pdf?__blob=publicationFile&v=5

Deutscher Wetterdienst (DWD), Der Radarverbund des Deutschen Wetterdienstes, 10.07.2002, abrufbar unter: http://www.dwd.de/bvbw/generator/DWDWWW/Content/Forschung/FE1/Datenassimilation/Radarbroschuere,templateId=raw,property=publicationFile.pdf/Radarbroschuere.pdf

Ernst, Werner/Willy Zinkahn/Walter Bielenberg/Michael Krautzberger (Hrsg.), Baugesetzbuch. Kommentar (Loseblatt), 113. Ergänzungslieferung, München 2014

Gellermann, Martin, Zugriffsverbote des Artenschutzrechts und behördliche Einschätzungsprärogative, Natur und Recht (NuR) 2014, S. 597–605

Geßner, Janko/Sebastian Willmann (Hrsg.), Abstände zu Windenergieanlagen – Radar, Infrastruktureinrichtungen, Vögel und andere (un)lösbare Probleme?, Berlin 2015 (k:wer-Schriften)

Jäde, Henning u. a., Bauordnungsrecht Brandenburg. Kommentar (Loseblatt), 41. Ergänzungslieferung, Heidelberg, Februar 2006

Jarass, Hans D., Bundes-Immissionsschutzgesetz: BImSchG. Kommentar, 10. Auflage, München 2013

Noerr LLP, Rechtsgutachten zur Geltendmachung einer Beeinträchtigung von Belangen des DWD bei Errichtung von Windenergieanlagen. Verfasser: Christof Federwisch/Holger Schmitz; Auftraggeber: Ministerium für Umwelt, Klima und Energiewirtschaft Baden-Württemberg, Frankfurt a. M., 17.07.2015, abrufbar unter: http://um.baden-wuerttemberg.de/fileadmin/redaktion/m-um/intern/Dateien/Dokumente/5_Energie/Erneuerbare_Energien/Windenergie/Rechtsgutachten_Wetterradar_Tuerkheim.pdf

Planung und Genehmigung von Windenergieanlagen an Land in Niedersachsen und Hinweise für die Zielsetzung und Anwendung (Windenergieerlass), Gem. RdErl. d. MU, ML, MS, MW und MI, – MU-Ref52-29211/1/300 – (Entwurfsstand 29.04.2015), Stand: 05.05.2015, abrufbar unter: http://www.umwelt.niedersachsen.de/windenergieerlass/windenergieerlass-133444.html

Ratzbor, Günter/Sebastian Willmann, Anmerkung zur Entscheidung des VGH Kassel vom 17.12.2013 (9 A 1540/12.; ZNER 2014, 286) – Zur immissionsschutzrechtlichen Genehmigung von Windenergieanlagen und Artenschutz, Zeitschrift für neues Energierecht (ZNER) 2014, S. 292–294

Reimus, Volker/Matthias Semtner/Ruben Langer, Die neue Brandenburgische Bauordnung. Handkommentar, 3. Auflage, Heidelberg 2009

Ruf, Dietmar, Einige aktuelle Aspekte zum Ausbau der Windkraft in Baden-Württemberg, Die Gemeinde (BWGZ) 2013, S. 540–551

Simon, Alfons/Jürgen Busse (Hrsg.), Bayerische Bauordnung. Kommentar (Loseblatt), 114. Ergänzungslieferung, München 2013

Spannowsky, Willy/Michael Uechtritz (Hrsg.), Beck'scher Online-Kommentar BauGB, Stand: 01.06.2014

World Meteorological Organization (WMO), Commission for Instruments and Methods of Observation (CIMO), Fifteenth session, Helsinki 2–8 September 2010, Abridged final report with resolutions and recommendations (WMO-No. 1064), abrufbar unter: http://www.wmo.int/pages/prog/www/CIMO/CIMO15-WMO1064/1064_en.pdf

Sebastian Willmann

Das neue Helgoländer Papier

I. Einleitung

Die Vereinbarkeit windenergetischer Nutzungen mit den Anforderungen des Artenschutzes führt zu einem respektablen Spannungsverhältnis:[1] Auf der einen Seite steht der Wunsch, den anthropogenen Anteil an der Klimaerwärmung über den Ausbau Erneuerbarer Energien zumindest zu begrenzen; ein Anliegen, das nach der Reaktorkatastrophe von Fukushima Daiichi/Japan im März 2011 über die deutsche Energiewende noch verstärkt artikuliert wurde und dessen Umsetzung auf noch unabsehbare Zeit auch und gerade über den Ausbau von Windenergieanlagen vorangetrieben werden muss und wird. Auf der anderen Seite – und damit zwar nicht diametral, aber doch bis zu einem bestimmten Grad entgegengesetzt – stehen die berechtigten und beachtlichen Belange von Flora und Fauna, im Zuge des Umbaus der Energieversorgungslandschaft nicht hintenüber zu fallen.

Die dadurch bestehende Notwendigkeit, einen Ausgleich der beiden Pole auch auf der Planungs- wie auf der Zulassungsebene zu erreichen, verstärkt die Schwierigkeiten noch, und es ist nur allzu verständlich, wenn nach Auswegen gesucht wird, ein Vorgehen zu etablieren, das den beteiligten Akteuren eine möglichst rechtssichere und umsetzbare Möglichkeit an die Hand gibt, eine Lösung zu erreichen.

Beleuchtet man die Konfliktlage genauer, wird deutlich, dass es bisher nicht nur an einer rechtlich-dogmatischen Durchdringung der Regelungen des (besonderen) Artenschutzes fehlt, sondern darüber hinaus dessen systematische Einbindung im Umfeld planerischer Festsetzungen ebenso noch einer Lösung harrt, wie die methodisch einwandfreie Klärung und Verortung innerhalb einer konkreten Genehmigungsentscheidung.

Angesichts knapper werdender Flächen und des damit einhergehenden Zusammenrückens von windkraftsensiblen Arten beziehungsweise ihren Brut- und Nahrungshabitaten und Windkraftanlagen erscheint es jedenfalls nicht völlig abwegig und könnte daher naheliegen, den Schutz einzelner Spezies schlicht über die Einforderung größerer Abstände zu den Ursprüngen ihrer Gefährdung zu realisieren.

Einen Schritt in diese Richtung unternahm die Länderarbeitsgemeinschaft der Vogelschutzwarten (LAG VSW) bereits im Jahre 2007 und veröffentlichte damals ein Dokument,[2] in dem Abstandsempfehlungen zwischen einzelnen Arten und Windener-

---

1 Dazu insgesamt auch *Brandt* (Hrsg.), Das Spannungsfeld Windenergieanlagen – Naturschutz in Genehmigungs- und Gerichtsverfahren, 2. Aufl., 2015.
2 *Länderarbeitsgemeinschaft der Vogelschutzwarten (LAG VSW)*, Abstandsregelungen für Windenergieanlagen zu bedeutsamen Vogellebensräumen sowie Brutplätzen ausgewählter Vogelarten, veröffentlicht in: Berichte zum Vogelschutz (Ber. Vogelschutz) 44 (2007), S. 151 ff.; im Text bezeichnet als: Helgoländer Papier 2007.

gieanlagen ausgesprochen wurden. Das sog. Helgoländer Papier – benannt nach dem Ort der Tagung, auf der der Text erarbeitet wurde – fand in der Rechtsprechung durchaus veritable Rezeption.[3] Darüber hinaus wurde der Ansatz einzuhaltender Mindestabstände aus Gründen des besonderen Artenschutzes in verschiedenen Windenergieerlassen einzelner Bundesländer aufgegriffen.[4]

Bereits im Jahre 2012 stieg die LAG VSW in die Überarbeitung des Dokuments ein, was in einer Neufassung in der ersten Jahreshälfte 2015 mündete.[5]

Aufgrund der Heranziehung und Verwendung des Papiers in der Vergangenheit stellt sich die Frage danach, welchen Niederschlag die Neufassung künftig erzielen wird – ein Aspekt, der aus rechtswissenschaftlicher Sicht unauflöslich mit der Überlegung verbunden ist, welche normative Bindungswirkung von dem Dokument ausgeht und daher Veranlassung zu einer intensiven Beschäftigung mit dem Helgoländer Papier 2015 gibt. Das gilt umso mehr, als mit der LAG VSW eine Institution tätig geworden ist, deren Charakterisierung und Einordnung eine Verortung im Umfeld originär legislativ tätiger Staatsorgane auf den ersten Blick jedenfalls nicht unmittelbar vermuten lässt.

Eine diesbezügliche Pressemitteilung des Naturschutzbundes Deutschland (NABU) ging jedenfalls von einer „klaren Orientierung bei Artenschutz-Konflikten in der Windkraftplanung" aus,[6] die „Entscheidung zur Freigabe des Textes durch die Bundesländer"[7] wurde ausdrücklich begrüßt. Inwieweit sich die geltende Rechtslage durch die Neufassung

---

3 U. a. *VGH Kassel*, Beschl. v. 02.03.2015 – 9 B 1791/14, juris Rn. 18; *OVG Münster*, Beschl. v. 02.04.2014 – 8 B 356/14, juris Rn. 14 f., 73 f.; *VG Koblenz*, Beschl. v. 05.03.2013 – 7 L 126/13. KO, juris Rn. 9.
4 Vgl. etwa den *Windenergieerlass Baden-Württemberg, Gemeinsame Verwaltungsvorschrift des Ministeriums für Umwelt, Klima und Energiewirtschaft, des Ministeriums für Ländlichen Raum und Verbraucherschutz, des Ministeriums für Verkehr und Infrastruktur und des Ministeriums für Finanzen und Wirtschaft,* Stand: 09.05.2012, Az. 64-4583/404, abrufbar unter: http://www.baden-wuerttemberg.de/fileadmin/redaktion/dateien/Altdaten/202/Windenergieerlass.pdf (abgerufen: 03.08.2015), S. 38; *Windkrafterlass Brandenburg, Beachtung naturschutzfachlicher Belange bei der Ausweisung von Windeignungsgebieten und bei der Genehmigung von Windenergieanlagen,* Erlass des Ministeriums für Umwelt, Gesundheit und Verbraucherschutz vom 1. Januar 2011, abrufbar unter: http://www.mlul.brandenburg.de/cms/media.php/lbm1.a.3310.de/erl_windkraft.pdf (abgerufen: 03.08.2015), hierzu Anlage 1, Tierökologische Abstandskriterien (Stand: 15.12.2012), abrufbar unter: http://www.mlul.brandenburg.de/cms/media.php/lbm1.a.3310.de/tak_anl1.pdf (abgerufen: 03.08.2015).
5 *Länderarbeitsgemeinschaft der Vogelschutzwarten (LAG VSW), Abstandsempfehlungen für Windenergieanlagen zu bedeutsamen Vogellebensräumen sowie Brutplätzen ausgewählter Vogelarten,* veröffentlicht in: Berichte zum Vogelschutz (Ber. Vogelschutz) 51 (2014), S. 15 ff.; abrufbar unter: http://www.vogelschutzwarten.de/downloads/lagvsw2015_abstand. pdf (abgerufen: 03.08.2015), im Text bezeichnet als: Helgoländer Papier 2015.
6 *NABU*, Pressemitteilung Nr. 57/15 v. 22.05.2015, abrufbar unter: https://www.nabu.de/umwelt-und-ressourcen/energie/erneuerbare-energien-energiewende/windenergie/06358.html (abgerufen: 11.08.2015).
7 *NABU*, Pressemitteilung Nr. 57/15 v. 22.05.2015, abrufbar unter: https://www.nabu.de/umwelt-und-ressourcen/energie/erneuerbare-energien-energiewende/windenergie/06358.html (abgerufen: 11.08.2015).

des Helgoländer Papiers indes überhaupt geändert hat, gilt es erst noch zu überprüfen, ungeachtet der womöglich in diese Richtung weisenden Intention der Pressemitteilung.[8]

Der Beitrag gibt zunächst einen Überblick über das (formale) Verfahren, das letztlich in der Veröffentlichung der Neufassung des Helgoländer Papiers mündete und ordnet zugleich die daran beteiligten Akteure hinsichtlich ihrer Stellung im „Normgebungsprozess" ein (II.). Daran schließt sich eine Darstellung der Inhalte des Helgoländer Papiers an (III).

Stehen Urheber und Inhalt des Papiers fest, stellt sich die Frage nach der Wertigkeit und Bedeutung des selbigen. Aus dogmatischer Sicht entscheidend für die künftige Rezeption der Neufassung ist deren Charakterisierung als – so viel darf vorweggenommen werden – jedenfalls nicht gesetzliches Regelwerk und welche Ableitungen sich aus der Erkenntnis im Weiteren ergeben. Dazu ist es erforderlich, die Bedeutung und Wirkung eines untergesetzlichen Regelwerks im weiteren Sinne herauszuarbeiten (IV.), um sodann die entsprechenden Folgerungen für die Einordnung des Helgoländer Papiers ziehen zu können (V.).

Ein Fazit beschließt den Beitrag (VI.).

II. Der Gang des Verfahrens und die daran beteiligten Akteure

Mit der LAG VSW ist eine Institution tätig geworden, die aus der Zusammenarbeit der jeweiligen Landesvogelschutzwarten beziehungsweise Landesfachbehörden hervorgeht. Das Gremium versteht sich als Forum für den Informations- und Erfahrungsaustausch an der Schnittstelle zwischen Verwaltung, Wissenschaft, Praxis und ehrenamtlichem Engagement.[9]

Die (staatlichen) Vogelschutzwarten ihrerseits sind regelmäßig Behörden der Länder und innerhalb der verwaltungsinternen Aufgabenverteilung als Fachbehörden für den ornithologischen Artenschutz zuständig.[10]

In Niedersachsen ging die Staatliche Vogelschutzwarte aus einer zunächst rein privaten Initiative hervor, bevor sie in den 1970er-Jahren in den behördlichen Naturschutz überführt wurde und derzeit als Unterbehörde des Niedersächsischen Landesbetriebs für Wasserwirtschaft, Küsten- und Naturschutz (NLWKN) firmiert.[11] Die Beschaffung der Datengrundlagen zu den Vorkommensbeständen, deren Entwicklung sowie zu der Verbreitung der Arten wie der Exemplare zählt zu den maßgeblichen Aufgaben der Staatlichen Vogelschutzwarte.[12] Die Diskussion um die mögliche formale Abschaffung der Ei-

---

8 *Brandt*, ZNER 2015, 336 (ebd.).
9 http://www.vogelschutzwarten.de/lagvsw.htm (abgerufen: 11.08.2015).
10 http://www.vogelschutzwarten.de/lagvsw.htm (abgerufen: 11.08.2015).
11 Vgl. dazu den Internetauftritt des Landesbetriebs, abrufbar unter: http://www.nlwkn.niedersachsen.de/portal/live.php?navigation_id=7929&article_id=46065&_psmand=26 (abgerufen: 11.08.2015).
12 http://www.nlwkn.niedersachsen.de/portal/live.php?navigation_id=7929&article_id=46065&_psmand=26.

genständigkeit der Behörde und eine vollständige Eingliederung in den NLWKN hat bisher jedenfalls noch keine Schritte der Umsetzung nach sich gezogen.[13]

Der Niedersächsische Landesbetrieb für Wasserwirtschaft untersteht seinerseits wiederum der Aufsicht[14] des Niedersächsischen Ministeriums für Umwelt, Energie und Klimaschutz (NMU). Es handelt sich um einen Geschäftsbereich des Ministeriums.[15]

Unter dem Titel *Abstandsregelungen für Windenergieanlagen zu bedeutsamen Vogellebensräumen sowie Brutplätzen ausgewählter Vogelarten* veröffentlichte die LAG VSW 2007 das sog. Helgoländer Papier. 2012 trat die Arbeitsgemeinschaft in die Überarbeitung ein,[16] die schließlich mit der organisationsinternen Verabschiedung der *Abstandsempfehlungen für Windenergieanlagen zu bedeutsamen Vogellebensräumen sowie Brutplätzen ausgewählter Vogelarten* im April 2015 beendet wurde. Das Vorläuferpapier wurde zwar nicht explizit aufgehoben oder zurückgezogen; indes dürfte die „Erforderlichkeit" seiner Überprüfung und Fortschreibung[17] für eine vollständige Ersetzung respektive den entsprechenden Willen seiner Verfasserin dazu sprechen.

Die der letztlich publizierten Fassung vorangegangenen Entwürfe[18] wurden in der Bund-/Länder-Arbeitsgemeinschaft Naturschutz, Landschaftspflege und Erholung (LANA) beraten und unter Mitwirkung des Bundesverbandes WindEnergie e. V. (BWE) sowie der Bund-Länder-Initiative Windenergie (BLWE) der im Vorfeld der 84. Umweltministerkonferenz (UMK) tagenden 55. Amtschefkonferenz (ACK) vorgelegt.[19]

Die UMK ist ein regelmäßig tagendes Gremium, in dem insbesondere eine Abstimmung zwischen dem Bund und respektive innerhalb der Länder erfolgt, wie der Vollzug bestehender umweltrechtlicher Regelungen – soweit möglich länderübergreifend einheitlich – ausgeführt wird.[20] Etwaigen Beschlüssen kommt keine unmittelbare Rechtswirkung zu. Eines der Arbeitsgremien beziehungsweise eine der Arbeitsgemeinschaften der UMK ist die LANA,[21] die einerseits den einheitlichen Gesetzesvollzug sicherstellen soll und andererseits potenzielle Aufträge der UMK sowie der ACK bearbeitet.[22]

Zur Vorbereitung der Befassung sowie einer etwaigen Beschlussfassung durch die UMK beschäftigt sich die ACK mit den jeweiligen Themen.[23] Vertreten und mit Stimmrecht versehen sind nach Zif. 9.2 GO UMK die Amtschefs der Umweltministerien des

---

13 Dazu *Mlodoch*, Windkraft vor Vogelschutz?, in: Braunschweiger Zeitung, 29. Juli 2015, S. 7.
14 Vgl. hierzu die Informationsbroschüre des NLWKN, abrufbar unter: http://www.nlwkn.niedersachsen.de/wir_ueber_uns/organisation/die-organisation-des-nlwkn-40747.html (abgerufen: 11.08.2015).
15 http://www.umwelt.niedersachsen.de/wir_ueber_uns/geschaeftsbereich/geschaeftsbereich-8898.html (abgerufen: 11.08.2015).
16 http://www.vogelschutzwarten.de/windenergie.htm (abgerufen: 11.08.2015).
17 Ber. Vogelschutz 51 (2014), S. 15 (ebd.).
18 Vgl. dazu etwa *Schreiber*, NuL 46 (12), 2014, 361 ff.
19 Vgl. zum Verfahrensgang: http://www.vogelschutzwarten.de/windenergie.htm (abgerufen: 11.08.2015).
20 https://www.umweltministerkonferenz.de/Willkommen.html (abgerufen: 11.08.2015).
21 Geschäftsordnung der Umweltministerkonferenz (GO UMK) in der Fassung vom 25. Januar 2008, dort Zif. 11.2.
22 Zif. 11.1 GO UMK.
23 Zif. 9.1 GO UMK.

Bundes und der Länder. Da es sich bei der Erörterung des Helgoländer Papiers 2015 als TOP 12 auf der 55. Sitzung der ACK am 21. Mai 2015 nicht um ein Schwerpunktthema handelte, bereitete die ACK die Sitzung der UMK in einer Weise vor, die eine Beschlussfassung ohne vertiefte Diskussion ermöglichte.[24]

In ihrem Beschluss nahm die ACK den Bericht der LANA über die Abstandsempfehlungen „zur Kenntnis".[25] Weiterhin nahm sie zur Kenntnis, dass vielfältige wissenschaftliche Studien zum Verhalten windenergieempfindlicher Vogelarten vorlägen, einheitliche Empfehlungen daher insbesondere unter Berücksichtigung örtlicher Gegebenheiten nicht möglich seien.[26] Und schließlich stellte sie fest, dass Planungs- und Vorhabenträgern der Nachweis offen stünde, dass sich Windenergieanlagen nicht negativ auf die jeweils vorkommenden Arten auswirkten.[27] Die UMK schloss sich demgemäß am Folgetag auf ihrer 84. Sitzung insofern dem Votum der ACK an, als sie dazu keine weitere Äußerung tätigte oder einen darüber hinausreichenden Beschluss fasste, sondern schlicht auf die abschließende Behandlung in der ACK verwies.[28]

Eine Veröffentlichung des Helgoländer Papiers 2015 erfolgte über die Berichte zum Vogelschutz, einer jährlich erscheinenden Fachzeitschrift, die vom NABU – Naturschutzbund Deutschland e.V. und dem Deutschen Rat für Vogelschutz e.V. (DRV) herausgegeben wird.[29]

III. Inhaltlicher Überblick: Das Helgoländer Papier 2015

Trotz der insoweit differenzierenden Bezeichnung – 2007: Abstandsregelungen; 2015: Abstandsempfehlungen – beinhalten die beiden Fassungen des Helgoländer Papiers *Empfehlungen*, wie die Abstände von Windenergieanlagen zu Lebensräumen und Horsten windkraftsensibler Arten ausgestaltet sein sollten.[30] Das spiegelt einerseits bereits die Überschrift – jedenfalls – der Neufassung 2015 wieder, für die genau diese Formulierung gewählt wurde. Andererseits gehen die Erläuterungen zu den postulierten Abstandsangaben von einem solchen Verständnis aus, wenn von einem *Vorschlag* gesprochen wird.[31]

---

24 Zif. 10.2 GO UMK.
25 Ergebnisprotokoll der 55. ACK-Sitzung vom 21.05.2015 im Kloster Banz, abrufbar unter: https://www.umweltministerkonferenz.de/documents/Ergebnisprotokoll_55-_ACK_Banz.pdf (abgerufen: 11.08.2015), dort S. 16, Ziffer 1.
26 Ergebnisprotokoll der 55. ACK-Sitzung vom 21.05.2015 im Kloster Banz, abrufbar unter: https://www.umweltministerkonferenz.de/documents/Ergebnisprotokoll_55-_ACK_Banz.pdf (abgerufen: 11.08.2015), dort S. 16, Ziffer 2.
27 Ergebnisprotokoll der 55. ACK-Sitzung vom 21.05.2015 im Kloster Banz, abrufbar unter: https://www.umweltministerkonferenz.de/documents/Ergebnisprotokoll_55-_ACK_Banz.pdf (abgerufen: 11.08.2015), dort S. 16, Ziffer 3.
28 Ergebnisprotokoll der 84. UMK-Sitzung vom 22. Mai 2015 im Kloster Banz, abrufbar unter: https://www.umweltministerkonferenz.de/documents/Ergebnisprotokoll_84-_UMK_Banz.pdf (abgerufen: 11.08.2015), dort S. 21.
29 Ber. Vogelschutz 51 (2014), S. 15 ff.
30 Ber. Vogelschutz 44 (2007), S. 151 (ebd.); Ber. Vogelschutz 51 (2014), S. 15 (16).
31 Ber. Vogelschutz 51 (2014), S. 15 (17).

Anlass zur Fortschreibung des Helgoländer Papiers bestand nach Ansicht der LAG VSW aufgrund der Weiterentwicklung natur- und rechtswissenschaftlicher Erkenntnisse sowie aufgrund der Tatsache, dass der weitere Ausbau windenergetischer Nutzungen Areale – etwa Waldflächen – in den Fokus gerückt hat und noch rücken wird, die bis dato weitgehend unberücksichtigt blieben und damit Arten betroffen sein können, die zuvor nicht beachtet wurden.[32]

Zur Anwendung kommen sollen die Empfehlungen sowohl in Genehmigungsverfahren einzelner Windkraftanlagen, wobei davon ausgegangen wird, dass dadurch in der Regel artenschutzrechtliche Konflikte vermieden werden,[33] als auch auf der Ebene der Raumplanung, in deren Rahmen der Empfehlungscharakter jedoch vielfach nur in Bezug auf bestehende Dichtezentren sinnvoll erscheint.[34]

Allerdings soll über eine Heranziehung des Helgoländer Papiers 2015 auf der Ebene der Raumordnung und -planung gewährleistet werden, dass mögliche kumulative Effekte populationsbiologisch relevanter Aspekte erfasst und einbezogen werden, die innerhalb eines Einzelzulassungsverfahrens schlicht nicht abgebildet werden können.[35] Exemplarisch werden in dem Zusammenhang Todesursachen anderen Ursprungs oder Sekundäreffekte wie ein reduzierter Bruterfolg aufgrund des Verlustes der Altvogelgeneration genannt[36] und Beispiele aus der Literatur aufgelistet.[37]

Der Ansatz, (Mindest-)Abstände zwischen den Anlagen und den Tieren beziehungsweise ihren Aufenthaltsorten anzusetzen, resultiert letztlich aus der Prämisse, dass das Risiko kollisionsbedingter Verluste durch eine optimierte Standortwahl vermieden werden könnte: Bekanntermaßen sieht die Rechtsprechung des *Bundesverwaltungsgerichts (BVerwG)* und der ihm im Wesentlichen folgenden Instanzgerichte das Tötungsverbot des § 44 Abs. 1 Nr. 1 Bundesnaturschutzgesetz (BNatSchG)[38] – schon – dann als verwirklicht an, wenn das Risiko kollisions- und damit anlagebedingter Verluste in Bezug auf einzelne Exemplare einer geschützten Art in signifikanter Weise gesteigert wird.[39] Man spricht in dem Zusammenhang schlagwortartig vom sog. Signifikanztheorem.[40]

Hintergrund dieser Rechtsprechung ist die in Folge mehrerer Entscheidungen[41] des *Europäischen Gerichtshofs (EuGH)* getroffene Annahme, dass der Tötungstatbestand einerseits individuenbezogen[42] und andererseits bereits dann erfüllt ist, wenn – weitestge-

---

32 Ber. Vogelschutz 51 (2014), S. 15 (ebd.).
33 Ber. Vogelschutz 51 (2014), S. 15 (17).
34 Ber. Vogelschutz 51 (2014), S. 15 (17).
35 Ber. Vogelschutz 51 (2014), S. 15 (19 f.).
36 Ber. Vogelschutz 51 (2014), S. 15 (19).
37 Ber. Vogelschutz 51 (2014), S. 15 (20 ff.).
38 Bundesnaturschutzgesetz (BNatSchG) vom 29. Juli 2009 (BGBl. I S. 2542), zuletzt geändert durch Artikel 4 Absatz 100 des Gesetzes vom 7. August 2013 (BGBl. I S. 3154).
39 *BVerwG*, Urt. v. 09.07.2008 – 9 A 14/07, juris Rn. 90 ff.; *dass.*, Urt. v. 21.11.2013 – 7 C 40/11, juris Rn. 5 f., 23.
40 Vgl. etwa *Brandt*, ER 2013, 192 (195); *Ratzbor/Willmann*, ZNER 2014, 292 (ebd. ff.).
41 *EuGH*, Urt. v. 30.01.2002 – Rs. C-103/00, zitiert nach juris; *ders.*, Urt. v. 09.12.2004 – Rs. C-79/03, zitiert nach juris; *ders.*, Urt. v. 18.05.2006 – Rs. C-221/04, zitiert nach juris.
42 *BVerwG*, Urt. v. 09.07.2008 – 9 A 14/07, juris Rn. 54, 91; *dass.*, Urt. v. 27.06.2013 – 4 C 1/12, juris Rn. 11.

hend ungeachtet einer subjektiven Komponente[43] – eine antizipierte Tötung als unvermeidlich hingenommen wird.[44] Bei der Betrachtung sind Maßnahmen, die dazu beitragen können, Kollisionen zu verhindern oder jedenfalls deren Eintrittswahrscheinlichkeit zu senken, miteinzubeziehen.[45] Hierzu zählten etwa Überflughilfen, Leitstrukturen oder die Einrichtung einer Mastfußbrache.[46]

Wenn nun also potenzielle Risikominderungsmaßnahmen in die Betrachtung eingestellt werden können, bestünde zumindest eine solche Möglichkeit – dem Ansatz des Helgoländer Papiers insoweit folgend – gerade darin, den Abstand zwischen den Tieren und den Anlagen zu erhöhen und damit aufgrund der Annahme einer geringeren Aufenthaltswahrscheinlichkeit das Risiko einer Kollision zu verringern.[47]

Demgemäß finden sich im Helgoländer Papier 2015 wie schon in der Vorgängerfassung zwei Tabellen. Die erste Tabelle[48] beinhaltet fachlich empfohlene Abstände von Windenergieanlagen zu bedeutenden Vogellebensräumen, die zweite solche zu Brutplätzen und -vorkommen.[49] Die genannten Abstände werden in Metern beziehungsweise unter Bezugnahme auf die Anlagenhöhe ausgewiesen.

Beide Tabellen differenzieren weiterhin zwischen – jeweils nochmals untergliedert in die entsprechenden Arten – Mindestabständen zu Windenergieanlagen sowie Prüfbereichen.[50]

Mit dem Begriff des Mindestabstands ist die Empfehlung verbunden, die vorgegebene Angabe in Metern nicht zu unterschreiten.

Prüfbereiche beschreiben demgegenüber ein Areal, das es dann eingehender zu betrachten gilt, wenn eine Anlage darin errichtet werden soll und dadurch potenziell artenschutzrechtliche Belange tangiert sein könnten, der künftige Betrieb indes nicht grundsätzlich ausgeschlossen sein soll. Die Aufenthaltswahrscheinlichkeit insbesondere großräumig agierender Arten soll in dem Areal immer noch derart erhöht sein, dass eine dezidiertere artenschutzfachliche Überprüfung empfohlen wird, um die sich anschließende artenschutzrechtliche Bewertung vornehmen zu können.[51] Grundlage der diesbezüglichen Empfehlung bildet die sog. Home Range, also derjenige Bereich, der von dem jeweiligen Exemplar einer Spezies regelmäßig genutzt und überflogen wird.[52]

Allerdings sind nicht für sämtliche Arten zweierlei Angaben in der Auflistung enthalten, weil es entweder aufgrund des artspezifischen Verhaltens nicht sinnvoll erschien

---

43 *Brandt*, ER 2013, 192 (194 f.).
44 *BVerwG*, Urt. v. 09.07.2008 – 9 A 14/07, juris Rn. 91; *Willmann*, Artenschutz und Windenergie – Rechtliche Rahmenbedingungen, in: Brandt (Hrsg.), Das Spannungsfeld Windenergieanlagen – Naturschutz in Genehmigungs- und Gerichtsverfahren, 2. Aufl., 2015.
45 *BVerwG*, Urt. v. 09.07.2008 – 9 A 14/07, juris Rn. 91.
46 Zu Letzterem *OVG Magdeburg*, Urt. v. 19.01.2012 – 2 L 124/09, juris Rn. 90 ff.; *VG Stuttgart*, Beschl. v. 04.12.2014 – 6 K 3541/14, juris Rn. 75.
47 Ber. Vogelschutz 51 (2014), S. 15 (19). Dazu etwa *VGH Kassel*, Beschl. v. 17.12.2013 – 9 A 1540/12.Z, juris Rn. 45 f.
48 Ber. Vogelschutz 51 (2014), S. 15 (17).
49 Ber. Vogelschutz 51 (2014), S. 15 (18).
50 Ber. Vogelschutz 51 (2014), S. 15 (17 f.).
51 Ber. Vogelschutz 51 (2014), S. 15 (19).
52 Ber. Vogelschutz 51 (2014), S. 15 (19).

oder weil der empfohlene Mindestabstand bereits ausreichend groß bemessen sei, sodass es einer weiteren Differenzierung nicht bedurft habe.[53]

Die Änderungen der Größe der Abstandsempfehlungen sind im Vergleich zu denjenigen des Papiers aus dem Jahre 2007[54] hinsichtlich der überwiegenden Zahl an Konstellationen innerhalb der Tabelle 1 sowie der einzelnen Arten innerhalb der Tabelle 2 zumeist überschaubar oder es hat teilweise gar keine Änderung Eingang in die Neufassung gefunden.

Gegenüber bedeutenden Vogellebensräumen der Tabelle 1 wird regelmäßig ein Mindestabstand von 1.200 m respektive ein solcher, der der zehnfachen Anlagenhöhe entspricht, statuiert.[55] Hauptflugkorridore zwischen Schlaf- und Nahrungsplätzen sollen bei Kranichen, Schwänen, Gänsen und Greifvögeln ebenso freigehalten werden, wie überregional bedeutsame Zugkonzentrationskorridore.[56]

Die Anzahl der Arten, die in Tabelle 2 aufgenommen wurden und die folglich als windkraftsensible Spezies eingestuft werden, hat sich zwischen 2007[57] und 2015[58] leicht erhöht. Beide Fassungen weisen neben konkreten Arten auch Artengruppen auf, etwa Möwen oder Reiher. Neu hinzugekommen sind beispielsweise der Wespenbussard (Pernis apivorus) und der Wiedehopf (Upupa epops), herausgenommen wurde hingegen etwa der Kormoran (Phalacrocorax carbo).

Zu einzelnen in die Tabellen aufgenommenen Arten, die für besonders windkraftsensibel erachtet werden, enthält das Helgoländer Papier 2015 weiterführende Erläuterungen,[59] die insbesondere darin bestehen, literarische Nachweise über etwaige Totfunde oder hinsichtlich der Auswirkungen auf das Nist- und Brutverhalten zu dokumentieren. Der Vorstellung eigenständiger methodischer Vorgehensweisen enthält sich das Papier jedoch.

IV. Bedeutung und Wirkung untergesetzlicher Regelwerke[60]

Der Komplex des Windenergierechts stellt aus wissenschaftlicher Sicht einen Querschnittsbereich dar, innerhalb dessen dogmatischer Durchdringung unterschiedlichste Rechtsmaterien beachtet, bearbeitet und miteinander in Abstimmung gebracht werden müssen. Neben den zahlreichen beteiligten Akteuren – Gesetzgeber auf internationaler und nationaler Ebene, Verwaltung, Rechtsprechung – führen auch die Inhalte

---

53 Ber. Vogelschutz 51 (2014), S. 15 (19).
54 Ber. Vogelschutz 44 (2007), S. 151 (152 f.).
55 Ber. Vogelschutz 51 (2014), S. 15 (17).
56 Ber. Vogelschutz 51 (2014), S. 15 (17).
57 Ber. Vogelschutz 44 (2007), S. 151 (153).
58 Ber. Vogelschutz 51 (2014), S. 15 (18).
59 Ber. Vogelschutz 51 (2014), S. 15 (21 ff.).
60 Vgl. dazu bereits: *Willmann*, NordÖR 2015, 307 ff.; *ders.*, Der besondere Artenschutz als Element der Genehmigungsentscheidung eines Flächennutzungsplans, 2015; *ders.*, Windenergieerlasse der Bundesländer, 2015.

der unterschiedlichen rechtlichen Regelungen zu einer Vielzahl an Interaktionen und Interdependenzen.[61]

Eine normative Regelung sämtlicher Aspekte vermag der Gesetzgeber schon aufgrund der Dauer und Komplexität eines entsprechenden Gesetzgebungsverfahrens kaum zu erreichen. Das wäre im Übrigen aufgrund der raschen Abfolge neuer Erkenntnisse und sich darauf gründender Entwicklungen in vielen Fällen gar nicht möglich, jedenfalls aber mitunter nicht sinnvoll.

Daher erscheint es im Ausgangspunkt sogar geboten, auf untergesetzliche oder schlicht nicht gesetzliche Regelwerke zurückzugreifen, um im windenergetischen Kontext auf den Ebenen der (Raum-)Planung sowie der Zulassungsentscheidung ein – soweit zulässig und möglich – vereinheitlichtes behördliches Vorgehen zu etablieren.[62]

Hinsichtlich des Begriffs eines untergesetzlichen Regelwerks hat sich bisher keine allgemein gebräuchliche oder akzeptierte Definition durchsetzen können. Das liegt insbesondere daran, dass eine hierarchische Ein- und Unterordnung der mit einer solchen Formulierung bedachten Regularien mitunter nicht leicht zu treffen ist.

Einigkeit besteht hingegen noch darin, dass unterhalb gemeinschaftsrechtlicher Vorschriften[63] und denjenigen des Grundgesetzes (GG)[64] mit den sog. formellen Gesetzen die nächste Stufe einer normhierarchischen Wertigkeit erreicht ist. Die formellen Gesetze sind dadurch gekennzeichnet, dass sie unter Einhaltung eines verfassungsmäßigen Gesetzgebungsverfahrens und der Beteiligung der verfassungsrechtlich zuständigen Gesetzgebungsorgane des Bundestags sowie der Landesparlamente beschlossen werden.[65] Man spricht diesbezüglich verkürzt von Parlamentsgesetzen.[66] Diese Voraussetzungen erfüllt das Helgoländer Papier 2015 in keinem Fall.

In Abgrenzung zu formellen Gesetzen werden materielle Gesetze von einem Akteur erlassen, der zwar ebenfalls durch das Grundgesetz oder durch eine einfachgesetzliche Regelung dazu ermächtigt ist, eine allgemein-verbindliche Regelung zu setzen, ohne jedoch den verfassungsrechtlich vorgesehenen Gesetzgebungsweg beschritten zu haben, der für ein formelles Gesetz erforderlich gewesen wäre.[67]

Materielle Gesetze beinhalten damit ebenfalls abstrakt generelle und somit verbindliche Regelungen mit Außenwirkung gegenüber den erfassten Normadressaten – also regelmäßig den Bürgern –, stehen jedoch aufgrund der insoweit geringeren Anforderungen

---

61 *Brandt*, Anforderungen an das Windenergierecht und die Rolle der Koordinierungsstelle Windenergierecht, in: *ders.* (Hrsg.), Jahrbuch Windenergierecht 2013, S. 121 (126).
62 Vgl. für den Bereich der Umweltverträglichkeitsprüfung *Sangenstedt*, in: Landmann/Rohmer, Umweltrecht. Loseblatt, 75. EL 2015, § 3c UVPG Rn. 45.
63 Dazu *Bergmann*, in: ders., Handlexikon der Europäischen Union, 5. Aufl. 2015, Stichwort Normhierarchie. Zu nennen wären an der Stelle beispielsweise die Verträge über die Europäische Union (AEUV und EUV) sowie Verordnung und Richtlinien.
64 Grundgesetz (GG) für die Bundesrepublik Deutschland in der im Bundesgesetzblatt Teil III, Gliederungsnummer 100-1, veröffentlichten bereinigten Fassung, zuletzt geändert durch Artikel 1 des Gesetzes vom 23. Dezember 2014 (BGBl.I S. 2438).
65 *Dederer*, in: Maunz/Dürig, Grundgesetz: GG. Kommentar (Loseblatt), 73. EL, Art. 100 Rn. 84.
66 *Maurer*, Allgemeines Verwaltungsrecht, 18. Aufl. 2011, § 4 Rn. 17.
67 *Maurer*, Allgemeines Verwaltungsrecht, § 4 Rn. 4, 17.

an das zur Inkraftsetzung notwendige Verfahren hinter den formellen Gesetzen zurück. Es handelt sich um eine Möglichkeit der Exekutive, Rechtssetzungsbefugnisse auszuüben, was neben weiteren Voraussetzungen insbesondere stets das Vorliegen einer entsprechenden Ermächtigungsgrundlage erfordert.[68]

Klassisches Beispiel eines materiellen Gesetzes stellen Rechtsverordnungen auf Bundes- oder Landesebene dar, die von der Gubernative aufgrund einer oftmals einfachgesetzlichen Ermächtigung erlassen werden. Daneben sind in dem Zusammenhang Satzungen etwa kommunaler Gebiets- oder sonstiger öffentlich-rechtlicher Körperschaften zu nennen.

Als maßgeblicher Aspekt für die Bewertung als – formelles oder materielles – *Gesetz* und damit in Abgrenzung zu demjenigen des untergesetzlichen Regelwerks erscheint nach hiesigem Verständnis die mit der jeweiligen Regelung erzielte Außenwirkung maßgeblich und zweckdienlich zu sein. Damit verbunden ist die Frage, ob die Vorschrift oder das Rechtsregime über den Einflussbereich desjenigen, der in dem Zusammenhang „gesetzgeberisch" tätig wird, hinauszureichen vermag oder ob es sich um eine bloß intern wirksame Regelung handelt.

Gesetz im hier verstandenen Sinn sollen also Rechtsnormen sein, die im Gegensatz zu bloßen Rechtssätzen, eine Außenwirkung zu erzeugen vermögen.[69]

Allerdings fällt eine Einordnung und Charakterisierung an der Stelle bereits mitunter dann schwer, wenn der Begriff des *Gesetzes* und die sich daran knüpfenden Voraussetzungen nicht pauschal und für jeden Anwendungsfall gleichlautend definiert werden können. Vielmehr hängt es von der konkreten Situation oder dem jeweiligen rechtlichen Kontext ab, welche Form oder Eigenschaften eine Regelung aufweisen muss, um als *Gesetz* oder eben gerade nicht als solches begriffen zu werden.[70]

Dem folgend soll im hiesigen Beitrag unter dem Begriff eines *untergesetzlichen Regelwerks* ein solches verstanden werden, das aufgrund seiner normhierarchischen Charakterisierung gerade nicht respektive jedenfalls nicht unmittelbar geeignet ist, eine über den Einflussbereich des normgebenden Akteurs hinausreichende normative Vorgabe zu erreichen.[71] Es handelt sich damit um einen Innenrechtssatz, dem neben dem notwendigen Verfahrensgang zusätzlich die über die Domäne des jeweiligen Urhebers der Regelung hinausreichende Bindungswirkung fehlt. Adressaten einer solchen Regelung sind damit nicht die grundsätzlich normunterworfenen Bürger, sondern lediglich diejenigen, die sich intern im Kontroll- und Machtbereich des „Normsetzers" bewegen.

Eine ganz regelmäßig vorzufindende Ausprägung solchen Innenrechts stellen Verwaltungsvorschriften dar. Diese werden von übergeordneten Behörden gegenüber nachgeordneten Verwaltungsträgern oder von Behördenleitern gegenüber den ihnen untergebenen

---

68 *Uhle*, in: Epping/Hillgruber, Grundgesetz: GG. Kommentar, 2. Aufl. 2013, Art. 80 Rn. 6 ff.
69 *Maurer*, Allgemeines Verwaltungsrecht, § 4 Rn. 4, § 24 Rn. 3.
70 Dazu etwa *Uhle*, in: Maunz/Dürig, Grundgesetz: GG. Kommentar (Loseblatt), 73. EL, Art. 70 Rn. 42 ff. im Hinblick auf die Bestimmung des Begriffs der Gesetzgebung und die im Rahmen von Art. 70 geäußerte Ansicht, Rechtsverordnung seien jedenfalls in dem Zusammenhang als untergesetzliche Formen des Rechts anzusehen und unterfielen somit nicht dem formellen Gesetzesbegriff des Art. 70 GG.
71 Wie hier *Brandt*, ZNER 2015, 336 (ebd.).

Mitarbeitern erlassen und erfassen Verfahrens- und Organisationsfragen.[72] Beispielhaft können in dem Zusammenhang (ministerielle) Erlasse aufgeführt werden. Die Verbindlichkeit von derartigen Verwaltungsvorschriften rührt aus der Leitungs- und Weisungskompetenz des „Normverfassers".[73]

Allerdings vermögen solche Regelungen durchaus auch gegenüber den Bürgern jedenfalls mittelbare Wirkung zu erzielen, indem sie Art und Inhalt behördlicher Entscheidungen wenn nicht determinieren, so aber doch zu lenken und zu konkretisieren wissen.[74] Gesichtspunkte sind in dem Zusammenhang etwa der allgemeine Gleichheitssatz aus Art. 3 Abs. 1 GG, Vertrauensschutzaspekte oder der Grundsatz der Selbstbindung der Verwaltung.[75]

Darüber noch hinausgehend nimmt eine in der Literatur teilweise vertretene Ansicht eine unmittelbare Außenwirkung von Verwaltungsvorschriften mit dem Argument an, dass die Exekutive innerhalb ihres Funktionsbereichs über eine originäre Rechtssetzungskompetenz verfüge.[76]

Die Rechtsprechung folgt diesem Ansatz indes nur in der Ausnahmesituation des Vorliegens *normkonkretisierender Verwaltungsvorschriften*, die sich regelmäßig über einen der Behörde zustehenden Beurteilungsspielraum begründen lassen.[77] Bei einem Beurteilungsspielraum handelt es sich um eine der Verwaltungseinheit bei der Operationalisierung einer Vorschrift oder eines darin enthaltenen unbestimmten Rechtsbegriffs auf Tatbestandsseite eingeräumte Einschätzungsprärogative, die im Ergebnis zur Zurücknahme der gerichtlichen Kontrolldichte und einer weitgehenden Letztentscheidungskompetenz der jeweiligen Behörde führt.[78]

Eine solche normkonkretisierende Verwaltungsvorschrift erfüllt trotz ihres grundsätzlichen Charakters eines reinen Innenrechtssatzes aufgrund des Vorliegens weitergehender Anforderungen die Voraussetzungen, um beispielsweise im Rahmen einer gerichtlichen Auseinandersetzung zwischen Bürger und Verwaltungsbehörde maßgebliche Wirkungen entfalten zu können.[79] Zu den Voraussetzungen gehören etwa die Beachtung höherrangiger Gebote und gesetzlich getroffener Wertungen, die Einhaltung eines sorgfältigen Verfahrens bei der Erstellung sowie die dafür notwendige Einbeziehung wissenschaftlichen und technischen Sachverstands, wobei stets der aktuelle Stand der entsprechenden Fachdisziplin nachzuhalten und heranzuziehen ist.[80] Eine originäre Außenwirkung ist damit jedoch noch nicht induziert; vielmehr ist die behördliche Wertung, die sich auf eine normkonkretisierende Verwaltungsvorschrift stützt und die Grundlage einer gerichtlich zu überprüfenden Entscheidung bildet, seitens der Rechtsprechung lediglich eingeschränkt überprüfbar.[81]

---

72 *Maurer*, Allgemeines Verwaltungsrecht, § 24 Rn. 1.
73 *BVerfG*, Beschl. v. 15.07.1969 – 2 BvF 1/64, juris Rn. 195 ff.
74 *Maurer*, Allgemeines Verwaltungsrecht, § 24 Rn. 20 ff.
75 Zu letzterem etwa *Sachs*, in: Stelkens/Bonk/Sachs, Verwaltungsverfahrensgesetz: VwVfG. Kommentar, 8. Aufl. 2014, § 40 Rn. 103 ff.
76 *Krebs*, VerwArch. 70 (1979), 259 (269 ff.); *Beckmann*, DVBl 1987, 616 ff.
77 *Maurer*, Allgemeines Verwaltungsrecht, § 24 Rn. 25a, § 7 Rn. 26 ff.
78 *Erbguth*, Allgemeines Verwaltungsrecht, 6. Aufl. 2014, § 14 Rn. 27 ff.
79 *Maurer*, Allgemeines Verwaltungsrecht, § 24 Rn. 25a.
80 *BVerwG*, Urt. v. 28.10.1998 – 8 C 16/96, juris Rn. 17.
81 *Maurer*, Allgemeines Verwaltungsrecht, § 24 Rn. 25a.

Exemplarisch für eine derart verstetigte Verwaltungsvorschrift steht die sog. TA Lärm,[82] die aufgrund der Ermächtigung in § 48 Bundes-Immissionsschutzgesetz (BImSchG)[83] erlassen worden ist. In ihr finden sich Richt- und Grenzwerte, die für die Beurteilung der Schädlichkeit einer Schallimmission im Rahmen einer immissionsschutzrechtlichen Bewertung und damit in normkonkretisierender Weise bei der Auslegung des unbestimmten Rechtsbegriffs der *schädlichen Umweltauswirkung* in § 3 BImSchG herangezogen werden.[84] Aufgrund der Notwendigkeit, einen bundeseinheitlichen Gesetzesvollzug in dem Zusammenhang sicherzustellen, kommt der TA Lärm eine im gerichtlichen Verfahren zu berücksichtigende Bindungswirkung zu.[85] Die darin enthaltenen Maßstäbe sind jedenfalls dahingehend abschließend, dass sie den Begriff der Schädlichkeit hinreichend ausfüllen.[86] Eine darüber hinausgehende Einzelfallprüfung findet nur noch insoweit statt, als es um die Kontrolle von Kann-Vorschriften oder Bewertungsspannen geht.[87]

Hierarchisch unterhalb der untergesetzlichen Regelwerke ließen sich nach hiesigem Begriffsverständnis sonstige und damit schlicht „nicht-gesetzliche" Regelwerke ansiedeln. Ihnen fehlt neben der Einhaltung eines entsprechenden Gesetzgebungsverfahrens und der Außenwirkung auch die (interne) Verbindlichkeit, um noch von einem untergesetzlichen Regelwerk ausgehen zu können.[88]

Die fehlende Verbindlichkeit resultiert einerseits entweder daraus, dass keine Verwaltungsstruktur besteht, gegenüber der die Möglichkeit eröffnet wäre, verpflichtende Vorgaben zu machen; oder andererseits daraus, dass der Regelungsverfasser schlicht nicht über die Kompetenz verfügt, eine für irgendeine Stelle zwingende Vorschrift zu erlassen. Das drückt sich vielfach bereits in der gewählten Benennung der jeweiligen Dokumente aus, wenn etwa von Hinweisen, Empfehlungen oder Leitfäden die Rede ist.

In der Wertigkeit in gewisser Weise zwischen den zuvor genannten Verwaltungsvorschriften und nicht-gesetzlichen Regelwerken im hier verstandenen Sinn rangieren sog. Fachkonventionen. Deren dogmatische Einordnung lässt sich sowohl aufgrund ihrer unklaren Verortung innerhalb der Normenpyramide als auch aufgrund ihres mannigfachen und vielgestaltigen Inhalts nicht leicht vornehmen.

---

82 Sechste Allgemeine Verwaltungsvorschrift zum Bundes-Immissionsschutzgesetz (Technische Anleitung zum Schutz gegen Lärm – TA Lärm) vom 26. August 1998 (GMBl Nr. 26/1998 S. 503).
83 Bundes-Immissionsschutzgesetz (BImSchG) in der Fassung der Bekanntmachung vom 17. Mai 2013 (BGBl. I S. 1274), zuletzt geändert durch Artikel 1 des Gesetzes vom 20. November 2014 (BGBl. I S. 1740).
84 Dazu mit ausführlichen Nachweisen *VG Ansbach*, Urt. v. 02.07.2014 – AN 11 K 14.00145, juris Rn. 51 ff.
85 *BVerwG*, Urt. v. 29.08.2007 – 4 C 2/07, juris Rn. 12; *VG Magdeburg*, Beschl. v. 26.11.2013 – 2 B 299/13, juris Rn. 28.
86 *BVerwG*, Urt. v. 29.08.2007 – 4 C 2/07, juris Rn. 12 unter Verweis auf *BVerwG*, Beschl. v. 08.11.1994 – 7 B 73/94, juris Rn. 5.
87 *BVerwG*, Urt. v. 29.08.2007 – 4 C 2/07, juris Rn. 12.
88 Verfasser wie Inhalte derartiger sonstiger Regularien sind derart zahlreich und in ihren Inhalten unterschiedlich, dass an dieser Stelle lediglich sehr allgemein darauf eingegangen werden kann.

Bei einer Fachkonvention handelt es sich um eine innerhalb einer entsprechenden Fachrichtung etablierte Standardisierung, die aufgrund einer breiten wissenschaftlichen Anerkennung geeignet ist, Autorität und damit letztlich Legitimation und Verbindlichkeit zu erzeugen.[89] Voraussetzung für die Anerkennung eines Regelwerks als Fachkonvention ist einerseits die einhellig akzeptierte Legitimation des das Reglement erarbeitenden Gremiums sowie andererseits die Heranziehung einer fundierten und verbreiteten Methodik.[90] Analog zur juristischen Terminologie müsste sich demgemäß eine *herrschende Ansicht* etabliert haben, die zu einem nicht unerheblichen Begründungsaufwand führte, wollte man hiervon in belastbarer Weise abrücken.[91]

Der Bereich verbindlicher Regelwerke wird dann verlassen, wenn man bei der Betrachtung und Bewertung eines Dokuments von einem *Sachverständigengutachten* ausginge, das regelmäßig im Rahmen einer Einzelfallprüfung erstellt wird.[92] Eine über den konkreten Anlass hinausgehende Verbindlichkeit wird man bei solchen Papieren aufgrund der Vielgestaltigkeit der Sachverhalte und der damit einhergehenden, kaum jemals gegebenen Vergleichbarkeit in aller Regel nicht annehmen können. Allenfalls ließe sich in einem bestimmten Umfang eine gewisse Präzedenz- oder Präjudizwirkung erblicken.

Diesbezüglich findet sich indes in der jüngeren Rechtsprechung eine leichte Nuancierung in Richtung der skizzierten Fachkonventionen. Denn mitunter wird einem Erlass und damit einer Verwaltungsvorschrift, der nach hiesigem wie hergebrachtem Verständnis keine Rechtssatzqualität und damit Außenwirkung zukommt, der Charakter eines „antizipierten Sachverständigengutachtens"[93] von hoher Güte" attestiert.[94] Der Weg hin zur Annahme einer *normkonkretisierenden Verwaltungsvorschrift* wird zwar nicht beschritten; vielmehr wird festgestellt, dass es hieran immer noch fehle.[95] Gleichwohl soll eine Abweichung von der in dem Regelwerk – konkret ging es um den Bayerischen Windenergie-Erlass[96] – verwendeten Methodik nur dann statthaft sein, wenn ein demgemäßes Vorge-

---

89 *Storost,* UPR 2015, 47 (48).
90 *Brandt,* ZNER 2015, 336 (337).
91 *Brandt,* ZNER 2015, 336 (337).
92 Dazu *W. R. Schenke,* in: Kopp/Schenke, Verwaltungsgerichtsordnung: VwGO. Kommentar, 21. Aufl. 2015, § 98 Rn. 13 ff.
93 Zum Begriff des „antizipierten Sachverständigengutachtens" *Rittstieg,* NJW 1983, 1098 (1099), der von einem angehobenen Beweiswert spricht und einen Vergleich zum prima-facie-Beweis zieht (S. 1100).
94 *VGH München,* Urt. v. 18.06.2014 – 22 B 13.1358, juris Rn. 45. Dazu *Unterreitmeier,* NuR 2014, 850 ff.
95 *VGH München,* Urt. v. 18.06.2014 – 22 B 13.1358, juris Rn. 44 unter Bezugnahme auf *BVerwG,* Urt. v. 21.11.2013 – 7 C 40/11.
96 *Bayerischer Windenergie-Erlass (2129.1-UG), Hinweise zu Planung und Genehmigung von Windkraftanlagen (WKA),* Gemeinsame Bekanntmachung der Bayerischen Staatsministerien des Innern, für Wissenschaft, Forschung und Kunst, der Finanzen, für Wirtschaft, Infrastruktur, Verkehr und Technologie, für Umwelt und Gesundheit sowie für Ernährung, Landwirtschaft und Forsten vom 20. Dezember 2011, Az.: IIB5-4112.79-057/11, B4-K5106-12c/28037, 33/16/15-L 3300-077-47280/11, VI/2-6282/756, 72a-U8721.0-2011/63-1 und E6-7235.3-1/396, abrufbar unter http://www.stmwi.bayern.de/fileadmin/user_upload/stmwivt/ Publikationen/Windenergie-Erlass.pdf (abgerufen: 18.08.2015).

hen auf der Basis eines fachlichen Grunds erfolgt.[97] Das gelte insbesondere deshalb, weil es sich bei dem nämlichen Dokument um eine Zusammenstellung landesweit gezogener und anerkannter fachlicher Erkenntnisse und Erfahrungen handele. Die daraus abgeleiteten methodischen Vorgehensweisen sind daher ebenfalls von der Notwendigkeit der Abweichungsbegründung erfasst.[98] Da ein Absehen von der Befolgung der dortigen Vorgaben gleichwohl zulässig bleibt, hielt die Revisionsinstanz die diesbezügliche Aussage mit den Anforderungen an rechtssatzgenerierte Außenwirkungsqualitäten für vereinbar.[99]

Und schließlich bliebe zuletzt noch die Möglichkeit der Einordnung des Helgoländer Papiers 2015 in das Umfeld der sog. guten fachlichen Praxis. Dabei handelt es sich um Rahmenbedingungen, die wissenschaftliche Arbeiten ganz generell und angepasst an die jeweilige Fachdisziplin einzuhalten haben. Teilweise finden sich hierzu explizite gesetzliche Hinweise auf ein entsprechendes Vorgehen.[100] Erfasst ist das regelmäßig in dem jeweiligen Kontext „Übliche", das in den einschlägigen Regelungen mitunter weiter konkretisiert wird.[101]

V. Konsequenzen für das Helgoländer Papier

Die Bezeichnung eines im rechtlichen Umfeld angesiedelten Dokuments ist zwar letztlich nicht ausschlaggebend für dessen dogmatische Einordnung, liefert indes zumindest einen ersten Hinweis auf die von seinem Urheber beabsichtigte Wirkung.[102]

In dem Zusammenhang könnte das Helgoländer Papier 2007 noch eine weitergehende Bindungskraft entfaltet haben, als die Überschrift noch von „Abstandsregelungen" sprach. Unter einer Regelung ist sprach-genetisch eine in einer bestimmten Form festgelegte Vereinbarung zu verstehen, die einen Sachverhalt klärt und damit einer Lösung zuführt.[103] Inhaltlich sollten allerdings – lediglich – Empfehlungen ausgesprochen werden,[104] die dazu gedacht waren, das Spannungsverhältnis zwischen Windenergieanlagen und gegenüber den Anlagen sensiblen Vogelarten wenn nicht aufzulösen so doch zumindest zu verringern.[105]

Mit der Neufassung dürfte dem 2007 veröffentlichen Dokument keine Bedeutung mehr zukommen, war es doch *erforderlich*, die erste Version zu überprüfen und eine inhaltliche Fortschreibung vorzulegen.[106] Bereits die Namensgebung der Neufassung – *Ab-*

---

97 *VGH München*, Urt. v. 18.06.2014 – 22 B 13.1358, juris Rn. 45.
98 *VGH München*, Urt. v. 18.06.2014 – 22 B 13.1358, juris Rn. 50 f.
99 *BVerwG*, Beschl. v. 16.09.2014 – 4 B 48/14, juris Rn. 5.
100 Beispielsweise in § 5 Abs. 2 BNatSchG.
101 *Stöckel/Müller-Walter*, in: Ambs/Häberle (Hrsg.), Erbs/Kohlhaas – Strafrechtliche Nebengesetz, 201. EL 2015, § 5 BNatSchG Rn. 8 ff.
102 Ein Grundsatz, der etwa auch in zivilrechtlichen Bereichen Geltung beansprucht. Vgl. für den Bereich der Abgrenzung freier Mitarbeiter von Arbeitnehmern *Richardi*, in: Richardi, Betriebsverfassungsgesetz: BetrVG. Kommentar, 14. Aufl. 2014, § 5 Rn. 37 ff.
103 *Duden*, Deutsche Rechtschreibung, 26. Aufl. 2013.
104 Ber. Vogelschutz 44 (2007), S. 151, 152.
105 Ber. Vogelschutz 44 (2007), S. 152.
106 Ber. Vogelschutz 51 (2014), S. 15 (ebd.). Dazu bereits unter II.

standsempfehlungen – bringt nunmehr bereits in der Überschrift den materiellen Ansatz zum Ausdruck, Empfehlungen im Sinne eines Rats, eines Hinweises oder eines Tipps[107] auszusprechen.[108] Schon hierin könnte eine Abschwächung jedenfalls der seitens der Verfasser des Papiers intendierten Bindungskraft artikuliert sein.

Die Frage des Verhältnisses zwischen den beiden Fassungen und ob aus einem diesbezüglichen systematischen Vergleich etwaige Folgerungen für das Helgoländer Papier 2015 abzuleiten sind, spielte allerdings dann keine Rolle, wenn sich das bereits aus einer originären Beschäftigung mit der aktuellen Fassung heraus beantworten lässt.

Demgemäß gilt es nunmehr, das Helgoländer Papier 2015 in die soeben unter IV. erläuterten Strukturen untergesetzlicher Regelwerke einzuordnen.

1. Das Helgoländer Papier 2015 als untergesetzliches Regelwerk?

Ungeachtet der letztlich gewählten Benennung scheidet eine Charakterisierung des Helgoländer Papiers 2015 als (formelles oder materielles) Gesetz in jedem Fall aus. Das ergibt sich bereits aus einer fehlenden Ermächtigungsgrundlage zum „Erlass" des Papiers sowie daraus, dass kein dementsprechendes Gesetzgebungsverfahren durchlaufen wurde. In Betracht käme allenfalls eine Einordnung als untergesetzliches Regelwerk.

Legt man das hiesige Begriffsverständnis eines untergesetzlichen Regelwerks zugrunde und bewertet davon ausgehend das Helgoländer Papier 2015, so ist eine Erfüllung des angelegten Maßstabs und eine hieraus resultierende verbindliche Außenwirkung der Neufassung allerdings ebenfalls nicht vertretbar.

Denn zwar sind mit den Vogelschutzwarten die jeweiligen Fachbehörden der Länder im Bereich des ornithologischen Artenschutzes über deren Zusammenschluss der LAG VSW tätig geworden; den Einzelbehörden wie der Arbeitsgemeinschaft kommt jedoch insbesondere die Aufgabe zu, Daten- und sonstige Grundlagen zu erarbeiten, um einen vereinheitlichten Vollzug sicherzustellen. Das Tätigwerden im „Binnenbereich der Verwaltung"[109] vermag indes nicht dazu zu führen, dass den Vogelschutzwarten oder der Länderarbeitsgemeinschaft die Möglichkeit einer gegenüber nachgeordneten Verwaltungseinheiten verbindlichen Leitungs- oder Aufsichtsfunktion zukäme. Eine Charakterisierung als untergesetzliches Regelwerk scheidet mithin und völlig ungeachtet der Namensgebung aus.[110]

2. Fachkonventionen und (antizipierte) Sachverständigengutachten

Unterhalb einer normhierarchischen Einordnung als untergesetzliches Regelwerk erscheint die Annahme eines zwar nicht gesetzlichen, aber doch auf anderen Wegen oder aufgrund anderer Eigenschaften eine gewisse Außen- und Bindungswirkung erlangen-

---

107 *Duden*, Deutsche Rechtschreibung, 26. Aufl. 2013.
108 Ber. Vogelschutz 51 (2014), S. 15 (16).
109 *Brandt*, ZNER 2015, 336 (ebd.).
110 Im Ergebnis wie hier *Brandt*, ZNER 2015, 336 (337).

den Regelwerks, vorrangig unter dem Gesichtspunkt einer Fachkonvention, zunächst jedenfalls nicht von vornherein abwegig.

Denn mit den Vogelschutzwarten und noch in gesteigertem Maß in Bezug auf deren Länderarbeitsgemeinschaft meldet sich über das Forum des Helgoländer Papiers 2015 ein Akteur zu Wort, dessen fachspezifisches Know-how unbestritten ist.

Allerdings – und das dürfte in dem Zusammenhang letztlich ausschlaggebend sein – fehlt es mutmaßlich an der diesbezüglich zu fordernden und notwendigen Dominanz der Expertise in dem Sinn, dass sich die für eine Fachkonvention erforderliche allgemein akzeptierte Standardisierung ergeben hätte.[111] Denn innerhalb der ornithologischen Fachwissenschaft ringen derzeit noch eine Vielzahl an Meinungen und Ansätzen um die Deutungshoheit, wenn es darum geht, die naturschutzrechtlichen Belange und insbesondere den besonderen Artenschutz des Bundesnaturschutzgesetzes hinreichend zu gewichten und die sich dabei stellenden Probleme einer rechtlich belastbaren und in sich konsistenten Lösung zuzuführen. Das stellt im Übrigen auch einen der Hauptargumentationsstränge dar, mittels dessen die Rechtsprechung den mit der Operationalisierung des Tötungsverbots aus § 44 Abs. 1 Nr. 1 BNatSchG befassten (Genehmigungs-)Behörden die sog. Naturschutzfachliche Einschätzungsprärogative zugesteht.[112]

Dass die Einordnung als Fachkonvention generell zumindest schwer fallen dürfte, zeigt sich weiterhin in der entsprechenden Befassung der ACK sowie im Folgenden der UMK mit dem Helgoländer Papier 2015.[113] Denn dieses ist in seiner Gänze bloß zur Kenntnis genommen worden. Darüber hinaus nahm die ACK zur Kenntnis, dass „inzwischen vielfältige wissenschaftliche Studien zum Verhalten windenergieempfindlicher Vogelarten vorliegen. [...] Einheitliche Empfehlungen sind deshalb nicht möglich. [...]".[114] Damit wird nicht nur dem Helgoländer Papier 2015 – jedenfalls durch die Mitglieder der ACK – die Eignung, als Fachkonvention zu fungieren, abgesprochen; vielmehr stellt sich sogar darüber hinaus die Frage, ob im Rahmen der Beurteilung artenschutzrechtlicher Belange – zumindest derzeit – generell überhaupt die Möglichkeit bestünde, vereinheitlichte Vorgaben zu machen. Das gilt noch verstärkt, wenn man sich die regional bestehenden Unterschiede der Avifauna und der Topographie vor Augen führt.[115]

In Fortführung dieser Erwägungen bliebe schließlich unter Umständen die Annahme diskutabel, mit dem Helgoländer Papier 2015 sei ein *antizipiertes Sachverständigengutachten von hoher Qualität*[116] erstellt worden. Angesichts der Tatsache, dass es sich hierbei jedoch im Gegensatz zu dem Dokument, hinsichtlich dessen die diesbezügliche Aussage getroffen wurde, nach hiesigem Verständnis gerade nicht um eine Verwal-

---

111 *Brandt*, ZNER 2015, 336 (337).
112 Dazu etwa *BVerwG*, Urt. v. 27.06.2013 – 4 C 1/12, juris Rn. 15; *dass.*, Urt. v. 21.11.2013 – 7 C 40/11, juris Rn. 16.
113 Dazu bereits unter II.
114 Ergebnisprotokoll der 55. ACK-Sitzung vom 21.05.2015 im Kloster Banz, abrufbar unter: https://www.umweltministerkonferenz.de/documents/Ergebnisprotokoll_55-_ACK_Banz.pdf (abgerufen: 11.08.2015), dort S. 16, Ziffer 2.
115 Ergebnisprotokoll der 55. ACK-Sitzung vom 21.05.2015 im Kloster Banz, abrufbar unter: https://www.umweltministerkonferenz.de/documents/Ergebnisprotokoll_55-_ACK_Banz.pdf (abgerufen: 11.08.2015), dort S. 16, Ziffer 2.
116 Dazu unter IV., m. w. N.

tungsvorschrift in Form eines ministeriellen Erlasses handelt, müsste die vom Helgoländer Papier 2015 ausstrahlende Bindungskraft noch weitergehend eingeschränkt werden. Das jedoch nicht hinsichtlich seiner fachlichen Qualität, sondern bezüglich der Tatsache, dass eine bloße Abstandsempfehlung ohne die zusätzliche Benennung methodischer Vorgehensweisen im Rahmen einer Einzelfallprüfung und eines derartigen Gutachtens weitaus einfacher zu widerlegen sein dürfte, als im Fall des Bayerischen Windenergie-Erlasses.[117] Voraussetzung eines solchen antizipierten Sachverständigengutachten wäre im Übrigen das Bestehen möglichst übergreifend und einheitlich anlegbarer Maßstäbe,[118] die in dem Dokument abgebildet werden sollen – ein Aspekt der aufgrund der Einschätzung der ACK und ihr folgend der UMK wohl bisher jedenfalls eindeutig zu verneinen ist.[119]

Mit derselben Begründung wird man jedenfalls hinsichtlich der im Helgoländer Papier 2015 aufgeführten Ergebnisse in Gestalt der Abstandsempfehlungen noch nicht von guter fachlicher Praxis sprechen können, die es in der Folge ganz allgemein bei der Beurteilung artenschutzrechtlicher Regelungen anzuwenden gälte. Denn es dürfte gerade fachwissenschaftlich noch nicht als abgesichert und einhellig akzeptiert oder üblich gelten, dass etwa das Tötungsverbot des § 44 Abs. 1 Nr. 1 BNatSchG dann nicht verwirklicht wäre, wenn bestimmte – jedenfalls aber nicht die konkret im Helgoländer Papier benannten – Abstände eingehalten werden.[120] Eine andere Bewertung ergibt sich auch deshalb nicht, weil das Helgoländer Papier 2015 keine eigenständige Methodik enthält, die es künftig zu beachten gälte.

Damit handelt es sich beim Helgoländer Papier 2015 im Ergebnis weder um eine Fachkonvention noch um ein antizipiertes Sachverständigengutachten, über das der Versuch unternommen werden könnte, das Spannungsfeld Windenergieanlagen – Artenschutzbelange zu einem Ausgleich zu bringen. Eine zwingende Bindungswirkung vermag das Papier nicht zu erzeugen.

3. Bedeutung der Kenntnisnahme durch die Umweltministerkonferenz (UMK)

Bliebe zuletzt die Frage danach, ob sich an der bisherigen Einschätzung durch den Verfahrensgang und diesbezüglich durch die Befassung mit dem Papier durch die UMK etwas ändert. Das muss aufgrund des bisher Gesagten allerdings eindeutig verneint werden.

Denn zunächst nahm die ACK das Papier lediglich zur Kenntnis und fügte im Rahmen der weiteren Beschäftigung damit einschränkend hinzu, dass gerade unterschiedli-

---

117 Vgl. dazu *VGH München*, Urt. v. 18.06.2014 – 22 B 13.1358, juris Rn. 17, 44 ff., 51 ff.
118 *VGH München*, Urt. v. 18.06.2014 – 22 B 13.1358, juris Rn. 45.
119 Ergebnisprotokoll der 55. ACK-Sitzung vom 21.05.2015 im Kloster Banz, abrufbar unter: https://www.umweltministerkonferenz.de/documents/Ergebnisprotokoll_55-_ACK_Banz.pdf (abgerufen: 11.08.2015), dort S. 16, Ziffern 1 bis 3.
120 Ergebnisprotokoll der 55. ACK-Sitzung vom 21.05.2015 im Kloster Banz, abrufbar unter: https://www.umweltministerkonferenz.de/documents/Ergebnisprotokoll_55-_ACK_Banz.pdf (abgerufen: 11.08.2015), dort S. 16, Ziffern 1 bis 3.

che Auffassungen zu dem Themenkomplex vertreten werden, einheitliche Vorgaben daher schon nicht möglich seien.[121]

Diese Sichtweise bestätigte die UMK vollumfänglich, indem ohne – jedenfalls dokumentierte – weitergehende Befassung schlicht auf die *abschließende Befassung* durch die ACK verwiesen wurde.[122] Von einem Zueigenmachen oder einer „Transformation"[123] kann daher nicht gesprochen werden.

Vielmehr dürfte umgekehrt in der entsprechenden Verfahrensweise eine gewisse Distanzierung zum Ausdruck gebracht worden sein. Denn eine Kenntnisnahme spricht im allgemeinen Sprachgebrauch lediglich dafür, einem Sachverhalt oder einer Tatsache Beachtung zu schenken, sie zu registrieren oder davon Notiz zu erhalten.[124] Im Umfeld einer rechtlichen Begriffsbestimmung handelt es sich um die bloße Bestätigung, dass der Vorgang existiert.[125] Eine Bestätigung oder gar ein Einverständnis hätte demgegenüber einer anders lautenden Formulierung bedurft, etwa dahingehend, dass das Papier begrüßt wird.

Der explizite Verweis auf den Wortlaut des Beschlusses der ACK weist daher in die entgegengesetzte Richtung, sodass eine Verbindlichkeit des Helgoländer Papiers 2015 im Rahmen behördlicher oder gerichtlicher Verfahren aus rechtsdogmatischer Sicht auch über diesen Weg nicht anzunehmen ist.

V. Fazit: Konsequenzen für die Genehmigungs- und Gerichtspraxis?

Wenn nun also aus rechtswissenschaftlicher Sicht in Gestalt des Helgoländer Papiers 2015 gerade kein verbindlich anzuwendendes Regelwerk geschaffen wurde, anhand dessen die notwendige und rechtssichere Berücksichtigung artenschutzrechtlicher Belange gelingen kann, stellt sich die Frage, welcher Einfluss davon hinsichtlich künftiger Planungs- und Genehmigungsentscheidungen in Bezug auf windenergetische Nutzungen ausgehen kann.

Dass eine Rezeption des Papiers in der Zukunft erfolgen dürfte, ist angesichts der Erfahrungen im Umgang mit der Vorgängerversion zu vermuten und aufgrund des immer noch unsicheren Umgangs mit den artenschutzrechtlichen Regelungen und diesbezüglichen Verbotstatbeständen grundsätzlich auch nicht kritikwürdig.

Entscheidend ist in dem Zusammenhang vielmehr, ob und mit welcher Verve ein Anspruch auf die Deutungshoheit von potenziellen Ansätzen und so auch vom Helgoländer Papier 2015 innerhalb der Diskussion erhoben oder postuliert wird.

Denn mangels Charakterisierung des Helgoländer Papiers 2015 als ein eine solche Bindungskraft entfaltendes Reglement stellt es vielmehr einen möglichen unter vielen und letztlich gleichrangigen Ansätzen dar. Einen ersten Anhaltspunkt bei der Bewälti-

---

121 Dazu unter II.
122 Vgl. unter II.
123 *Brandt,* ZNER 2015, 336 (337).
124 *Duden,* Deutsche Rechtschreibung, 26. Aufl. 2013.
125 *Brandt,* ZNER 2015, 336 (338).

gung naturschutzfachlicher und -rechtlicher Konflikte vermag es daher durchaus zu geben – mehr ist hingegen weder notwendig noch rechtlich geboten.

Das ändert indes nichts daran, dass es zuvorderst einer rechtsdogmatisch konsistenten Durchdringung der einschlägigen Vorschriften bedarf, die ein Verweis auf ein solches Regelwerk gerade nicht ersetzen kann.[126]

Zwingend anzulegende Maßstäbe werden durch das Helgoländer Papier 2015 daher nicht statuiert, weder im Rahmen behördlicher Entscheidungen noch innerhalb einer gerichtlichen Überprüfung eben jener.

---

126 Im Ergebnis wie hier *Brandt,* ZNER 2015, 336 (338).

Literaturverzeichnis

Ambs, Friedrich/Peter Häberle (Hrsg.), Erbs/Kohlhaas – Strafrechtliche Nebengesetze, (Loseblatt), Stand: 201. Ergänzungslieferung, München 2015

Amtschefkonferenz (ACK), Ergebnisprotokoll der 55. ACK-Sitzung vom 21.05.2015 im Kloster Banz, abrufbar unter: https://www.umweltministerkonferenz.de/documents/Ergebnisprotokoll_55-_ACK_Banz.pdf

Beckmann, Martin, Die gerichtliche Überprüfung von Verwaltungsvorschriften im Wege der verwaltungsgerichtlichen Normenkontrolle, Deutsches Verwaltungsblatt (DVBl) 1987, S. 616–618

Brandt, Edmund, Anforderungen an das Windenergierecht und die Rolle der Koordinierungsstelle Windenergierecht, in: ders. (Hrsg.), Jahrbuch Windenergierecht 2013, Berlin 2014, S. 121–131

Brandt, Edmund, Das Helgoländer Papier aus rechtlicher Sicht, Zeitschrift für Neues Energierecht (ZNER) 2015, S. 336–338

Brandt, Edmund (Hrsg.), Das Spannungsfeld Windenergieanlagen – Naturschutz in Genehmigungs- und Gerichtsverfahren, 2. Auflage, Berlin 2015

Brandt, Edmund (Hrsg.), Jahrbuch Windenergierecht 2014, Berlin 2015

Brandt, Edmund, Zum Tötungsverbot als Versagungsgrund im Sinne des § 6 Abs. 1 Nr. 2 BImSchG bei der Genehmigung von Windenergieanlagen, Energierecht (ER) 2013, S. 192–196

Duden, Deutsche Rechtschreibung, 26. Auflage, Berlin 2013

Epping, Volker/Christian Hillgruber, Grundgesetz: GG. Kommentar, 2. Auflage, München 2013

Erbguth, Wilfried, Allgemeines Verwaltungsrecht, 6. Auflage, Baden-Baden 2014

Kopp, Ferdinand O./Wolf-Rüdiger Schenke, Verwaltungsgerichtsordnung: VwGO. Kommentar, 21. Auflage, München 2015

Krebs, Walter, Zur Rechtsetzung der Exekutive durch Verwaltungsvorschriften, Verwaltungsarchiv (VerwArch) 70 (1979), S. 259–273

Länderarbeitsgemeinschaft der Vogelschutzwarten (LAG VSW), Abstandsregelungen für Windenergieanlagen zu bedeutsamen Vogellebensräumen sowie Brutplätzen ausgewählter Vogelarten, Berichte zum Vogelschutz (Ber. Vogelschutz) 44 (2007), S. 151–153

Länderarbeitsgemeinschaft der Vogelschutzwarten (LAG VSW), Abstandsempfehlungen für Windenergieanlagen zu bedeutsamen Vogellebensräumen sowie Brutplätzen ausgewählter Vogelarten, Berichte zum Vogelschutz (Ber. Vogelschutz) 51 (2014), S. 15–42, abrufbar unter: http://www.vogelschutzwarten.de/downloads/lagvsw2015_abstand.pdf

von Landmann, Robert/Gustav Rohmer, Umweltrecht. Kommentar (Loseblatt), Band 1, Stand: 75. Ergänzungslieferung, München 2015

Maunz, Theodor/Günter Dürig, Grundgesetz: GG. Kommentar (Loseblatt), Stand: 73. Ergänzungslieferung, München, Juli 2014

Maurer, Hartmut, Allgemeines Verwaltungsrecht, 18. Auflage, München 2011

Mlodoch, Peter, Windkraft vor Vogelschutz?, Braunschweiger Zeitung, 29. Juli 2015, S. 7

Ratzbor, Günter/Sebastian Willmann, Anmerkung zur Entscheidung VGH Kassel, Beschl. v. 17.12.2013 – 9 A 1540/12.Z, Zeitschrift für Neues Energierecht (ZNER) 2014, S. 292 – 294

Richardi, Reinhard, Betriebsverfassungsgesetz: BetrVG. Kommentar, 14. Auflage, München 2014

Rittstieg, Andreas, Das „antizipierte Sachverständigengutachten" – eine falsa demonstratio?, Neue Juristische Wochenschrift (NJW) 1983, S. 1098 – 1100

Schreiber, Matthias, Artenschutz und Windenergieanlagen, Naturschutz und Landschaftsplanung (NuL) 46 (2012), S. 361 – 369

Stelkens, Paul/Heinz Joachim Bonk/Michael Sachs, Verwaltungsverfahrensgesetz: VwVfG. Kommentar, 8. Auflage, München 2014

Storost, Ulrich, Erforderlichkeit von Fachkonventionen für die arten- und gebietsschutzrechtliche Prüfung aus verwaltungsrichterlicher Sicht, Umwelt und Planungsrecht (UPR) 2015, S. 47 – 49

Willmann, Sebastian, Artenschutz und Windenergie – Rechtliche Rahmenbedingungen, in: Brandt, Edmund (Hrsg.), Das Spannungsfeld Windenergieanlagen – Naturschutz in Genehmigungs- und Gerichtsverfahren, 2. Auflage, Berlin 2015, S. 29 – 62

Willmann, Sebastian, Der besondere Artenschutz als Element der Genehmigungsentscheidung eines Flächennutzungsplans, Berlin 2015 (k:wer-Texte)

Willmann, Sebastian, Genug ist genug? – Zur substanziellen Raumverschaffung für die Windenergie, Zeitschrift für öffentliches Recht in Norddeutschland (NordÖR) 2015, S. 307 – 312

Willmann, Sebastian, Windenergieerlasse der Bundesländer, Berlin, 2015 (k:wer-Texte)

Janko Geßner

Der Niedersächsische Windenergieerlass und die Fortschreibung der Raumordnungsprogramme

I. Einleitung

„Windenergie als Kernstück der Energiewende" – unter diesem Motto hat vor einiger Zeit in Niedersachsen das Verfahren zur Aufstellung des Niedersächsischen Windenergieerlasses begonnen. Der Ausbau der Windenergienutzung soll nach den Vorstellungen der Landesregierung umwelt- und sozialverträglich sowie wirtschaftlich gestaltet werden. Ehrgeizig in der Zielsetzung und mit Augenmaß in der Umsetzung, so ist die Botschaft an die beteiligten Akteure.

So harmonisch das zunächst klingt, die Auseinandersetzung in der Öffentlichkeit wird umso heftiger geführt. Über die Chancen und Risiken der Energiewende und vor allem der Windenergie wird intensiv diskutiert. Dabei hinterlässt die Diskussion oft den Eindruck eines Streits um grundsätzliche Fragestellungen und Positionen – kleine dezentrale Energieversorger gegen große, scheinbar übermächtige Konzerne, Netzüberlastung durch Solar- und Windstrom gegen Versorgungssicherheit oder auch Klimaschutz durch Erneuerbare Energien gegen Tötung von Vögeln oder Fledermäusen durch Windenergieanlagen.

Auch die landespolitische Diskussion in Niedersachsen und anderswo bleibt davon nicht unbeeinflusst. Dabei stand und steht gerade die planerische Steuerung von Windenergieanlagen im Fokus. In der Sache geht es um Regionalpläne als überörtliche Planungen zur Steuerung von Windenergieanlagen bzw. um Flächennutzungspläne auf der örtlichen Ebene. Durch Regional- oder Flächennutzungspläne werden Gebiete – auch Konzentrationszonen genannt – festgelegt, innerhalb derer Windenergieanlagen zulässig sind. Außerhalb dieser Gebiete sind sie in der Regel ausgeschlossen.

Dies führt bei den Betroffenen nicht selten zu Unmut. Windkraftprojektierer sehen sich in ihrer Projektentwicklung behindert, da die von ihnen vertraglich gebundenen Grundstücke außerhalb der für die Windenergienutzung geöffneten Flächen liegen. Gemeinden oder Einwohner vor Ort halten die in ihrem Gemeindegebiet ausgewiesenen Konzentrationszonen für ungeeignet. Solche Pläne zur Steuerung der Windenergie werden daher oft – und vermehrt in den letzten Jahren – einer gerichtlichen Kontrolle unterzogen.

Die Anforderungen der Rechtsprechung an die Steuerung von Windenergieanlagen haben sich in den letzten Jahren deutlich erhöht. Nicht selten sehen sich die Plangeber dann vor Gericht mit dem Umstand konfrontiert, dass langjährige aufwändige Planungen mit erheblichem tatsächlichen und finanziellen Aufwand faktisch „Makulatur" sein sollen, weil sie den aktuellen Anforderungen der Rechtsprechung nicht genügen; Anforderungen, die teilweise erst nach Inkraftsetzen der angefochtenen Pläne in der Rechtsprechung entwickelt wurden. Selbst die Fortschreibung eines Plans, der in einem früheren

Normenkontrollverfahren für rechtmäßig erklärt wurde, wird unter Verweis darauf, dass das Gericht „seither der weiterentwickelten Rechtsprechung des Bundesverwaltungsgerichts folgend strengere Anforderungen an die Standortsuche und deren Dokumentation stellt", für unwirksam erklärt.[1]

Zwar hat das *Bundesverwaltungsgericht* darauf hingewiesen, dass der Planungspraxis nichts „Unmögliches" abverlangt werden dürfe und auch nicht mehr, als diese „angemessenerweise" leisten könne. Die Rechtsprechung der Oberverwaltungsgerichte scheint jedoch in der Tendenz die Pläne an den neuen Vorgaben „reihenweise" scheitern zu lassen.

Diese Anforderungen haben dazu geführt, dass gerade auf Landesebene versucht wird, den Plangebern und Investoren durch Windenergieerlasse mehr Rechtssicherheit bei der Planung und Zulassung von Windenergieanlagen an die Hand zu geben. Dabei zeigt sich, dass – abhängig von landeseigenen Besonderheiten – in den Bundesländern durchaus unterschiedliche Vorgaben gemacht werden. So wird z. B. die Frage, ob Windenergieanlagen in Waldgebieten zugelassen werden sollen, uneinheitlich beantwortet – in Niedersachsen sind sie ausgeschlossen.

II. Der Niedersächsische Windenergieerlass

Mit dem Windenergieerlass[2] will Niedersachsen nach eigenem Bekunden den Prozess der Energiewende begleiten und dabei mögliche Konflikte lösen. Niedersachsen sieht sich als „Windenergieland" in der Verantwortung, so dass nicht nur der eigene Bedarf gedeckt werden soll, sondern auch darüber hinausgehend die Energiewende bundesweit unterstützt werden soll. Das Land bietet nach eigener Aussage aufgrund der geografischen Lage und Topografie hervorragende Potenziale für die Windenergienutzung und hat daher die Errichtung von mindestens 20 GW Windenergieleistung bis 2050 als Ziel formuliert. 100 % der Energieversorgung sollen von Erneuerbaren Energien erbracht werden.[3]

Zum Erreichen dieses ehrgeizigen Ziels wird davon ausgegangen, dass ca. 4.000 bis 5.000 Windenergieanlagen der Leistungsklasse 4,5 bis 5 MW bzw. ein Flächenbedarf von mindestens 1,4 % der Landesfläche erforderlich sind.[4] Zur Berechnung des Flächenansatzes geht man davon aus, dass etwa 3,7 Hektar je MW Nennleistung zur Verfügung gestellt werden müssen bzw. 0,27 MW je Hektar realisiert werden können. Insgesamt sollen daher etwa 67.350 Hektar in Niedersachsen für die Windenergie genutzt werden können – die angesprochenen 1,4 % der Landesfläche –, um das Ziel von 20 GW erreichen zu können.

Vor dem Hintergrund der angesprochenen Konfliktlösung verwundert es angesichts der aktuellen Diskussionen nicht, dass der Windenergieerlass sich zu den Belan-

---

1 Vgl. *OVG Lüneburg*, Urt. v. 14.05.2014 – 12 KN 29/13, Rn. 107, juris, und vorgehend *OVG Lüneburg*, Urt. v. 28.01.2010 – 12 KN 65/07, Rn. 53 f., juris.
2 *Planung und Genehmigung von Windenergieanlagen an Land in Niedersachsen und Hinweise für die Zielsetzung und Anwendung (Windenergieerlass), Gem. RdErl. d. MU, ML, MS, MW und MI, – MU-Ref52-29211/1/300 – (Entwurfsstand 29.04.2015), Stand: 05.05.2015* (im Folgenden bezeichnet als Windenergieerlass, Entwurf v. 29.04.2015).
3 Vgl. *Windenergieerlass*, Entwurf v. 29.04.2015, S. 11.
4 Vgl. *Windenergieerlass*, Entwurf v. 29.04.2015, S. 11.

gen des Artenschutzes äußert, daneben Kapitel zu Fragen der Raumordnung und Bauleitplanung, der Anlagenzulassung sowie Spezialregelungen (z. B. zu Infrastruktur- und Radareinrichtungen) enthält.

1. Rechtsnatur und Bindungswirkung des Windenergieerlasses

Welche Bindungswirkung entfaltet nunmehr ein solcher Erlass? Mit anderen Worten, sind die Vorgaben des Erlasses überhaupt und wenn ja, für wen verbindlich? Das beantwortet der Erlass zum einen selbst, lässt sich aber auch anhand der üblichen Einordnung rechtlicher Normen klassifizieren.

Der Niedersächsische Windenergieerlass stellt eine Verwaltungsvorschrift dar. Verwaltungsvorschriften sind nach Struktur und Inhalt im Allgemeinen generelle und abstrakte Regelungen der vorgesetzten Behörden an den nachgeordneten Bereich und zwar zur einheitlichen Auslegung und Anwendung von Gesetzen und Rechtsverordnungen. Sie wenden sich regelmäßig nur an die damit befassten Behörden und sind nur für sie im Innenverhältnis verbindlich, d. h. bindendes „Innenrecht".[5] Niedersächsische Landesbehörden sind daher aufgrund ihrer Einordnung in der Verwaltungsstruktur an den Windenergieerlass der Niedersächsischen Landesregierung gebunden.

Wie steht es aber mit der Wirkung gegenüber Windkraftprojektierern oder auch Gemeinden, d. h. besitzt der Erlass auch Wirkung nach außen? Faktische Außenwirkung entfaltet der Erlass zwar bereits dann, wenn und soweit die Behörden nach ihm verfahren. Antragsteller in Genehmigungsverfahren können sich daher darauf einstellen, dass Behörden sich entsprechend des Erlasses verhalten.

Davon zu trennen ist freilich die Frage der Bindungswirkung nach außen, etwa gegenüber einem Gericht, das z. B. über die Klage auf oder gegen eine Genehmigung für Windenergieanlagen zu befinden hat. Eine solche Bindungswirkung käme dem Windenergieerlass nach der Rechtsprechung z. B. dann zu, wenn er als Verwaltungsvorschrift normkonkretisierenden Charakter besitzen würde, wie es etwa bei der Technischen Anleitung Luft oder Technischen Anleitung Lärm der Fall ist.[6] Beim Niedersächsischen Windenergieerlass werden allerdings keine gesetzlichen Vorschriften konkretisiert, sondern es werden Anleitungen und Hinweise zur Durchführung eines konfliktarmen Genehmigungsverfahrens gegeben. Insoweit kann auf die Rechtsprechung des *OVG Münster* verwiesen werden, das bei der Beurteilung eines Windparkprojekts Bezug auf den Nordrhein-Westfälischen Windenergieerlass vom 03.05.2002 nahm. Das Gericht ordnete den Erlass nicht als rechtsverbindliche Norm, sondern als „Orientierungshilfe" ein.[7]

Eine solche Funktion als „Orientierungshilfe" im Verhältnis zu außenstehenden Dritten wie Investoren und Gemeinden kann dem Niedersächsischen Windenergieerlass gleichfalls beigemessen werden. Für die Gerichte besitzt er ebenfalls keine Bindungs-

---

5 *BVerwG,* Urt. v. 25.11.2004 – 5 CN 1/03, juris, Rn. 24; *Stelkens/Bonk/Sachs,* Verwaltungsverfahrensgesetz: VwVfG. Kommentar, 2014, § 1, Rn. 212; *Maurer,* Allgemeines Verwaltungsrecht, 2011, § 24, Rn. 2.
6 *BVerwG,* Urt. v. 20.12.1999 – 7 C 15/98, juris, Rn. 9.
7 *OVG Münster,* Beschl. v. 09.07.2003 – 7 B 949/03, juris, Rn. 6.

wirkung. Auch im Windenergieerlass selbst findet sich der Hinweis, dass der Erlass für die Kommunen, soweit sie als Behörden bei der Genehmigung und Überwachung von Windenergieanlagen tätig werden, zwar bindend ist. Für die planende Kommune als Träger der Regional- und Bauleitplanung und für Investoren stellt er (lediglich) Orientierungshilfe dar.[8]

2. Inhalt des Niedersächsischen Windenergieerlasses

Der Windenergieerlass ist in vier Abschnitte eingeteilt: Raumordnung und Bauleitplanung, Anlagenzulassung, Artenschutz (in Verbindung mit dem Leitfaden „Umsetzung des Artenschutzes bei der Planung und Genehmigung von Windenergieanlagen in Niedersachsen"[9]) sowie weitere Spezialthemen.

a) Raumordnung und Bauleitplanung

Im Kapitel Raumordnung und Bauleitplanung geht es um die Anforderungen und Empfehlungen zur planerischen Steuerung und Sicherung der Windenergienutzung in Raumordnungsplänen (vor allem in Regionalen Raumordnungsprogrammen) und Bauleitplänen.

aa) Planerische Steuerung der Windenergie

Berechnungen in Niedersachsen haben eine landesweite Potenzialfläche für Windenergie von maximal etwa 19,9 % der Landesfläche ergeben. Um das Ziel von 1,4 % der Landesfläche insgesamt zu erreichen, bedeutet das, so der Erlass, dass 7,1 % der Potenzialfläche für die Windenergie genutzt werden müssen. Somit wird von den Trägern der Regionalplanung erwartet, dass sie insgesamt mindestens 7,1 % der Potenzialflächen ihrer Region als Vorranggebiete für die Windenergienutzung ausweisen sollen.

Neu ist, dass es der Erlass bei dieser landesweiten Zielaussage nicht belässt, sondern in Anlage 7 einen sogenannten „regionalisierten Flächenansatz" beinhaltet. Für jeden Landkreis, kreisfreie Stadt bzw. Zweckverband als Träger der Regionalplanung wird, wie nachfolgende Tabelle zeigt, eine konkrete, auf zwei Kommastellen genau berechnete Flächenangabe ermittelt.

---

8 Vgl. *Windenergieerlass,* Entwurf v. 29.04.2015, S. 7.
9 *Ministerium für Umwelt, Energie und Klimaschutz des Landes Niedersachsen,* Leitfaden Umsetzung des Artenschutzes bei der Planung und Genehmigung von Windenergieanlagen in Niedersachsen – Entwurf, Fassung: 12.02.2015.

Der Niedersächsische Windenergieerlass und die Fortschreibung der Raumordnungsprogramme

Landkreise/Regionen, kreisfreie Städte und Zweckverbandsgebiet	Landkreisfläche [ha]	Potenzialfläche[1] [ha]	7,1-Prozent-Ziel[2] [ha]	entspricht Anteil der Gesamtfläche [%]
Ammerland	73004,07	5847,79	415,19	0,57
Aurich	129384,70	14328,71	1017,34	0,79
Celle	154974,33	28436,33	2018,98	1,30
Cloppenburg	141946,38	18534,49	1315,95	0,93
Cuxhaven	205791,06	57331,06	4070,51	1,98
Delmenhorst	6243,23	192,77	13,69	0,22
Diepholz	198945,07	31988,47	2271,18	1,14
Emden	11196,90	1811,29	128,60	1,15
Emsland	288218,07	53413,09	3792,33	1,32
Friesland	61785,42	5755,02	408,61	0,66
Göttingen	111773,32	23464,69	1665,99	1,49
Grafschaft Bentheim	98143,01	10500,94	745,57	0,76
Hameln-Pyrmont	79689,29	15509,11	1101,15	1,38
Hannover	229540,75	60603,10	4302,82	1,87
Harburg	124771,74	22758,88	1615,88	1,30
Heidekreis	188006,09	29661,49	2105,97	1,12
Hildesheim	120751,24	35602,60	2527,78	2,09
Holzminden	69369,70	7777,13	552,18	0,80
Leer	108597,37	16458,54	1168,56	1,08
Lüchow-Dannenberg	122605,20	28552,85	2027,25	1,65
Lüneburg	132739,65	20832,18	1479,08	1,11
Nienburg	139972,16	32677,16	2320,08	1,66
Northeim	126789,02	30438,40	2161,13	1,70
Oldenburg	106402,64	12111,16	859,89	0,81
Oldenburg (Stadt)	10303,05	507,64	36,04	0,35
Osnabrück	212038,16	13824,22	981,52	0,46
Osnabrück (Stadt)	11970,52	41,73	2,96	0,02
Osterholz	65214,72	8372,94	594,48	0,91
Osterode am Harz	63647,35	9395,20	667,06	1,05
Rotenburg	207307,06	71592,69	5083,08	2,45
Schaumburg	67516,02	10161,29	721,45	1,07
Stade	126585,96	30625,05	2174,38	1,72
Uelzen	146192,12	41285,46	2931,27	2,01
Vechta	81357,63	9472,74	672,56	0,83
Verden	78877,50	17147,13	1217,45	1,54
Wesermarsch	82689,06	15570,59	1105,51	1,34
Wilhelmshaven	10685,44	827,71	58,77	0,55
Wittmund	65859,77	9779,24	694,33	1,05
ZGB	509057,36	145325,05	10318,08	2,03
Summe	**4769942,13**	**948515,95**	**67344,63**	**1,41**

Quelle: *Windenergieerlass*, Entwurf v. 29.04.2015, S. 69, Anlage 7.

Grundlage der Flächenangabe für das 7,1 %-Ziel ist dabei die sogenannte Potenzialfläche. Ermittelt wird sie anhand des jeweiligen Planungsraums der Region abzüglich harter Tabuzonen, FFH-Gebiete und Waldgebiete. Aufgrund der unterschiedlichen Verhältnisse in den Planungsräumen ergeben sich daher naturgemäß deutliche Unterschiede in den Flächenanteilen. Freilich handelt es sich bei den Flächenangaben nicht um verbindliche

Vorgaben für die Regionalplanung, wie der Erlass betont, sondern sind sie wiederum als „Orientierungshilfe" bzw. „richtungsweisender Überblick" zu verstehen.[10]

Das Landes-Raumordnungsprogramm Niedersachsen 2008[11], zuletzt geändert 2012, enthält dagegen für die besonders windhöffigen Landesteile – konkret acht Landkreise bzw. zwei kreisfreie Städte – verbindliche Vorgaben für die Anlagenleistung. Die angegebene Leistung muss in den Vorranggebieten für Windenergie, die die benannten Träger der Regionalplanung in ihren Plänen auszuweisen haben, installiert werden können. Die Leistungsvorgabe ist als Ziel der Raumordnung gemäß § 4 Abs. 1 ROG für die Plangeber auf der nachgeordneten Ebene der Regionalplanung verbindlich. Vergleicht man diese Leistungsvorgaben mit den Flächenangaben im Windenergieerlass, gibt es teilweise deutliche Unterschiede.

Für den Landkreis Cuxhaven z. B. gibt das Landes-Raumordnungsprogramm eine Leistung von 300 MW vor. Das ergibt mit dem bereits erwähnten Faktor von 3,7 Hektar je MW Leistung einen Flächenanteil von etwa 1.100 Hektar. Als 7,1 %-Ziel formuliert der Windenergieerlass dagegen 4.070,51 Hektar, d. h. 1,98 % der Regionsfläche. Bei der derzeitigen Fortschreibung des Regionalen Raumordnungsprogramm Cuxhaven wird der Orientierungswert des Windenergieerlasses aufgegriffen. So heißt es in der Erläuterung des Planentwurfes von Juni 2015, dass 0,51 % der Landkreisfläche als Vorranggebiet ausgewiesen, 1,42 % als bauleitplanerisch gesicherter Bereich übernommen und 0,06 % als landesplanerische Festlegung berücksichtigt werden.[12] Das ergibt – so der Planentwurf Juni 2015 – einen Anteil der Flächen zur Windenergieerzeugung von rund 2,00 % an der Landkreisfläche. Das entspricht in etwa dem Flächenansatz des Windenergieerlasses.

Eine Änderung des Landes-Raumordnungsprogramms soll nach dem Windenergieerlass vorerst nicht erfolgen, sodass das formulierte Ausbauziel von 20 GW und die regionalisierten Flächenansätze auch in naher Zukunft lediglich Orientierungshilfe und keine verbindlichen Planungsziele sein werden.[13]

bb)   Weitere Einzelthemen

Der Windenergieerlass enthält im Kapitel Raumordnung und Bauleitplanung auch Ausführungen zu einigen praktisch bedeutsamen Einzelfragen.

(1)   FFH-Verträglichkeitsprüfung
So wird etwa zu FFH-Gebieten darauf hingewiesen, dass im Rahmen der Regionalplanung die Vorschriften des Naturschutzrechts, insbesondere § 34 BNatSchG, anzuwenden (§ 7 Abs. 6 ROG) sind und somit die Verträglichkeitsprüfung nach § 34 BNatSchG in das Planungsverfahren zu integrieren sei.

Allerdings hat das *Bundesverwaltungsgericht* erst vor kurzem entschieden, dass eine nach § 34 Abs. 1 BNatSchG erforderliche FFH-Verträglichkeitsprüfung auf ein nach-

---

10   *Windenergieerlass,* Entwurf v. 29.04.2015, S. 11.
11   *Landes-Raumordnungsprogramm Niedersachsen 2008.*
12   *Änderung des Regionalen Raumordnungsprogramms für den Landkreis Cuxhaven. Fortschreibung des sachlichen Teilabschnittes Windenergie – 2015 –, Begründung/Erläuterung,* Entwurf, Stand: Juni 2015, S. 36 f.
13   Vgl. *Windenergieerlass,* Entwurf v. 29.04.2015, S. 10 f.

folgendes immissionsschutzrechtliches Genehmigungsverfahren verlagert werden kann. Nach ständiger Rechtsprechung des *BVerwG* verlangt das im Abwägungsgebot wurzelnde Gebot planerischer Konfliktbewältigung zwar, dass jeder Plan grundsätzlich die von ihm selbst geschaffenen oder ihm sonst zurechenbaren Konflikte zu lösen hat, indem die von der Planung berührten Belange zu einem gerechten Ausgleich gebracht werden.[14] Die Planung darf nicht dazu führen, dass Konflikte, die durch sie hervorgerufen werden, letztlich ungelöst bleiben. Dies schließt eine Verlagerung von Problemlösungen aus dem Bauleitplanverfahren auf nachfolgendes Verwaltungshandeln aber nicht aus. Hierfür können auch die nach dem Konkretisierungsgrad der Planung verfügbaren Detailkenntnisse sowie die Leistungsgrenzen des jeweiligen planerischen Instruments sprechen.[15]

Die FFH-rechtliche Verträglichkeitsprüfung nach § 34 Abs. 1 BNatSchG ist – anders als das im Abwägungsgebot wurzelnde Gebot planerischer Konfliktbewältigung – zwar ein naturschutzrechtlich obligatorischer Verfahrensschritt. Die betreffenden Vorschriften des Bundesnaturschutzgesetzes sind nach § 7 Abs. 6 ROG auch bei der Aufstellung von Raumordnungsplänen zwingend anzuwenden. Die naturschutzrechtlichen Prüfungsanforderungen sind jedoch nach Auffassung des *BVerwG* sachnotwendig von den im Rahmen der Planung verfügbaren Detailkenntnissen abhängig und an die Leistungsgrenzen des jeweiligen planerischen Instruments bei der Festlegung gegebenenfalls erforderlicher Kohärenzsicherungsmaßnahmen gebunden. Die Pflicht zur Prüfung der Verträglichkeit von möglicherweise ein Schutzgebiet beeinträchtigenden menschlichen Tätigkeiten hänge nämlich davon ab, dass diese Pflicht auch erfüllt werden könne; es müsse die Möglichkeit bestehen, die betreffenden Tätigkeiten etwa anhand von Planungen, Konzepten oder einer feststehenden Praxis auf ihre Vereinbarkeit mit den Erhaltungszielen des Schutzgebiets zu überprüfen.[16] Diese Prüfung könne, so das *BVerwG*, (teilweise) erst im Rahmen des konkreten Genehmigungsverfahrens vollständig erfolgen, so dass die Verlagerung der FFH-Verträglichkeitsprüfung auf das nachfolgende Genehmigungsverfahren zulässig sei.[17]

(2) Windenergieanlagen in Industriegebieten
Der Windenergieerlass behandelt weiter die Errichtung von Windenergieanlagen in Industrie- bzw. Gewerbegebieten.

Nach dem Erlass können Windenergieanlagen in Gewerbe- oder Industriegebieten (§§ 8, 9 BauNVO) oder in Gebieten, die nach § 34 Abs. 2 BauGB als solche zu beurteilen sind, als Gewerbebetriebe oder als Nebenanlagen (§ 14 BauNVO) zulässig sein.[18] Auch mit diesem Thema hat sich die Rechtsprechung jüngst befasst und zu einiger Klarheit in dieser bislang doch sehr umstrittenen und praxisrelevanten Fragestellung beigetragen. Einige offene Fragen bleiben dennoch.

Nach dem *OVG Lüneburg* handelt es sich bei einer Windenergieanlage um einen Gewerbebetrieb im planungsrechtlichen Sinn.[19] Die Anlagen können grundsätzlich in In-

---

14 *BVerwG*, Urt. v. 12.09.2013 – 4 C 8.12, *BVerwGE* 147, 379, Rn. 17, m.w.N.
15 *BVerwG*, Beschl. v. 24.03.2015 – 4 BN 32/13, Rn. 34, juris.
16 *BVerwG*, Urt. v. 08.01.2014 – 9 A 4.13 – *BVerwGE* 149, 31 Rn. 55.
17 *BVerwG*, Beschl. v. 24.03.2015 – 4 BN 32/13, Rn. 35, juris.
18 Vgl. *Windenergieerlass,* Entwurf v. 29.04.2015, S. 16.
19 *OVG Lüneburg*, Urt. v. 25.06.2015 – 12 LC 230/14, juris.

dustriegebieten errichtet werden, auch wenn der Plangeber bei der Aufstellung des Plans an die Errichtung von Windenergieanlagen nicht gedacht hat. Das Gericht stellt zudem fest, dass die Gebietsverträglichkeit einer Windenergieanlage in einem Industriegebiet nicht schlechthin ausgeschlossen ist. Freilich – und daran scheiterte die Realisierung der Windenergieanlage im konkreten Fall – kann ein Windenergievorhaben im Einzelfall nach § 15 Abs. 1 S. BauNVO unzulässig sein.

§ 15 Abs. 1 BauNVO ist Ausfluss des baurechtlichen Gebots der Rücksichtnahme. Bei Anwendung der Norm geht es um eine einzelfallbezogene „Feinsteuerung" durch eine am konkreten Gebiet orientierte Beurteilung der Vorhabenzulässigkeit. Prüfungsmaßstab ist nach § 15 Abs. 1 S. 1 BauNVO u.a., ob das Vorhaben nach Anzahl, Lage, Umfang oder Zweckbestimmung der Eigenart des Baugebiets widerspricht. Im entschiedenen Fall stellte die Vorinstanz fest und wurde darin vom OVG bestätigt, dass das in Rede stehende Baugebiet nach seiner Zweckbestimmung für die Ansiedlung produzierenden Gewerbes festgesetzt war. Da die Errichtung der Windenergieanlage unmittelbar im Industriegebiet keine weiteren Arbeitsplätze schaffe, im Gegenteil etwaig ansiedlungswilligen Unternehmen wegen der einzuhaltenden Abstände weiträumig die Niederlassungsmöglichkeit nehme, erwies sie sich nach Auffassung des Gerichts als unzulässig.[20]

Ob es sich bei der Argumentation des Gerichts in der praktischen Konsequenz tatsächlich um eine Feinsteuerung des Einzelfalls nach § 15 Abs. 1 S. 1 BauNVO handelt, kann bezweifelt werden. Denn eine – immer – raumbedeutsame WEA dürfte wohl regelmäßig in Widerspruch zu der ebenso regelmäßig mit der Festsetzung eines Industriegebiets beabsichtigten Ansiedlung von (produzierendem) Gewerbe stehen, so dass für solche Bebauungspläne letztendlich wieder die Unzulässigkeit der Windenergieanlage droht.[21]

b) Anlagenzulassung

Der Abschnitt zur Anlagenzulassung des Windenergieerlasses beschäftigt sich mit dem Ablauf des Genehmigungsverfahrens für Windenergieanlagen sowie deren Zulässigkeit aus immissionsschutz- und baurechtlicher Sicht. Dabei werden einige der auch bisher schon zur Anwendung kommenden Maßgaben zusammengeführt und erläutert, etwa die Berechnungsvorgabe für die bauordnungsrechtlich einzuhaltenden Abstandsflächen, die Höhe der zu erbringenden Sicherheitsleistung für den Anlagenrückbau oder die Bemessung der Ersatzzahlung für erhebliche Beeinträchtigungen des Landschaftsbildes. Hier wird der Erlass hoffentlich zu einer Vereinheitlichung und auch Vorhersehbarkeit in den immissionsschutzrechtlichen Genehmigungsverfahren führen.

---

20 *OVG Lüneburg*, Urt. v. 25.06.2015 – 12 LC 230/14, Rn. 25, juris.
21 Vgl. *Thau*, jurisPR-UmwR 9/2015 Anm. 3.

c) Artenschutz

Zum Artenschutz erläutert der Niedersächsische Windenergieerlass die anzuwendenden Normen, insbesondere im Hinblick auf das artenschutzrechtliche Tötungsverbot nach § 44 BNatSchG.[22] Weiterhin wird vorgegeben, dass der Leitfaden „Umsetzung des Artenschutzes bei der Planung und Genehmigung von Windenergieanlagen in Niedersachsen", der artspezifische Abstandsempfehlungen für die planerische Berücksichtigung enthält, in der jeweils gültigen Fassung verbindlich anzuwenden ist.[23]

Die artspezifischen Empfehlungen werden als Untersuchungsradien definiert. Das sind gerade keine Zonen, in denen die Errichtung von Windenergieanlagen schlechthin ausgeschlossen ist. Bei Überschreitung des im Erlass für die jeweilige Art benannten Untersuchungsradius ist von einem im Sinne der Rechtsprechung nicht signifikant gesteigerten Tötungsrisiko auszugehen; das fehlende Tötungsrisiko wird indiziert. Ist der Abstand zwischen Brutplatz und beabsichtigtem Standort der Windenergieanlage kleiner als der Untersuchungsradius, folgt daraus nicht zwingend die Unzulässigkeit des Vorhabens, sondern bedarf es einer Einzelfallprüfung.

d) Spezialthemen

Der Windenergieerlass enthält zuletzt einige Spezialthemen, auf die im Rahmen dieses Artikels nicht weiter eingegangen werden soll.

III. Konzentrationsflächenplanung zur Steuerung der Windenergie

Windenergieanlagen sind „privilegierte Vorhaben" im Außenbereich, § 35 Abs. 1 Nr. 5 BauGB. Dies bedeutet, dass der Gesetzgeber der Errichtung solcher Anlagen in der Landschaft ein erhöhtes Gewicht zugemessen hat, sie zugleich aber unter einen sogenannten „Planungsvorbehalt" gemäß § 35 Abs. 3 S. 3 BauGB gestellt hat. Der Bau von Windenergieanlagen kann danach u. a. mit überörtlichen Raumordnungsplänen – in Niedersachsen die Regionalen Raumordnungsprogramme – durch Ausweisung sogenannter Konzentrationszonen gesteuert werden. Macht ein Plangeber von dieser Steuerungsmöglichkeit Gebrauch, hat er allerdings die gesetzgeberische Entscheidung, Windenergieanlagen zu privilegieren, zu beachten. Dies bedeutet vor allem, dass er der Windenergienutzung substanziell Raum verschaffen muss.

---

22 Vgl. hierzu auch *Gatz,* Windenergieanlagen in der Verwaltungs- und Gerichtspraxis, 2013, Rn. 270 ff.
23 Vgl. *Windenergieerlass,* Entwurf v. 29.04.2015, S. 54.

Mittel zur Steuerung der Windenergienutzung können in Niedersachsen nach dem Windenergieerlass[24]

- Vorranggebiete Windenergienutzung ohne Ausschlusswirkung,
- Vorranggebiete Windenergienutzung mit Ausschlusswirkung (Kombination von Vorrang- und Eignungsgebieten gemäß § 8 Abs. 7 Satz 2 Raumordnungsgesetz) oder
- Eignungsgebiete sein.

Für die Ausweisung von Konzentrationszonen (Eignungsgebiete) für Windenergie mit Ausschluss der Anlagen an anderer Stelle in einem Regionalplan gelten dabei folgende Maßstäbe:

1. Schlüssiges gesamträumliches Planungskonzept

Aufgrund der strikten Rechtsfolge des § 35 Abs. 3 S. 3 BauGB erfordert die Ausweisung von Konzentrationszonen für die Windkraftnutzung eine flächendeckende Überprüfung des gesamten Planungsgebietes und eine sachgerechte und fehlerfreie Abwägung bei der Festlegung von Konzentrationszonen sowie der Flächen, die für die Windnutzung nicht in Betracht kommen. Dem Plan muss hierzu ein schlüssiges gesamträumliches Planungskonzept zugrunde liegen, das den allgemeinen Anforderungen des planungsrechtlichen Abwägungsgebots gerecht wird.[25] Die planerische Entscheidung muss Auskunft darüber geben, von welchen Erwägungen die positive Standortzuweisung getragen wird, und deutlich machen, welche Gründe es rechtfertigen, den übrigen Planungsraum von Windenergieanlagen freizuhalten.[26]

2. Anforderungen an das Planungskonzept

Bei der Festsetzung von Konzentrationsflächen mit Ausschlusswirkung nach § 35 Abs. 3 S. 3 BauGB ist der Prüfungsmaßstab für Abwägungsentscheidungen durch die Rechtsprechung näher ausgeformt worden. Für die Errichtung von Windenergieanlagen im Plangebiet muss danach in „substanzieller Weise" Raum verbleiben; die negative und die positive Komponente der festgelegten Konzentrationszonen bedingen einander.[27] Für die Konzentrationsflächenplanung ergibt sich deswegen nach der gefestigten Rechtspre-

---

24 Vgl. *Windenergieerlass,* Entwurf v. 29.04.2015, S. 9.
25 So die ständige Rechtsprechung, vgl. etwa *BVerwG,* Urt. v. 13.03.2003 – 4 C 3/02, juris, Rn. 19; *OVG Lüneburg,* Urt. v. 31.03.2011 – 12 KN 187/08, juris, Rn. 17, *OVG Bautzen,* Urt. v. 19.07.2012 – 1 C 40/11, juris, Rn. 43; *Lau,* LKV 2012, 163; *Rojahn,* NVwZ 2011, 654, 658 f.; *Sydow,* NVwZ 2010, 1534, 1535 f., jeweils m. w. N.
26 *VGH Kassel,* Urt. v. 17.06.2009 – 6 A 630/08, juris, Rn. 68; *OVG Berlin-Brandenburg,* Urt. v. 24.02.2011 – OVG 2 A 2.09, juris, Rn. 40; *OVG Lüneburg,* Urt. v. 17.10.2013 – 12 KN 277/11, juris, Rn. 63.
27 Vgl. *BVerwG,* Urt. v. 13.03.2003 – 4 C 3/02, juris, Rn. 20.

chung des *BVerwG* eine gestufte Prüfungsabfolge, die vom Plangeber zwingend einzuhalten ist.[28] Auch das *OVG Lüneburg* hat sich dieser Rechtsprechung angeschlossen.[29]

a) Harte und weiche Tabuzonen

Zunächst hat der Plangeber „harte" und „weiche" Tabuzonen zu ermitteln, die sich aus rechtlichen, tatsächlichen, aber auch aus planerischen (insbesondere regionalplanerischen bzw. städtebaulichen) Gründen nicht für eine Windenergienutzung eignen.

aa)   Harte Tabuzonen

Der Begriff der „harten" Tabuzonen dient dabei der Kennzeichnung von Teilen des Planungsraums, die für die Windenergienutzung, aus welchen Gründen auch immer, nicht in Betracht kommen, mithin für die Windenergienutzung „schlechthin" ungeeignet sind.[30] Es handelt sich um Flächen, deren Bereitstellung für die Windenergienutzung am Grundsatz des Planerfordernisses (für die Bauleitplanung in § 1 Abs. 3 S. 1 BauGB geregelt) scheitert.[31] Ein Plan ist danach nicht erforderlich, wenn seiner Verwirklichung auf unabsehbare Zeit rechtliche oder tatsächliche Hindernisse im Wege stehen.[32]

Harte Tabuflächen sind daher einer Abwägung zwischen den Belangen der Windenergienutzung und widerstreitenden Belangen (§ 1 Abs. 7 BauGB) entzogen. Regionalpläne, die der Windenergienutzung Flächen zuweisen, die von vornherein nicht für eine solche genutzt werden können, erweisen sich nämlich als nicht vollzugsfähig und damit als nicht erforderlich.

Im Windenergieerlass werden die „nach derzeitiger Sach- und Rechtslage" anzuwendenden harten Tabuzonen aufgezählt.[33] Dazu zählen z. B. Siedlungsbereiche zuzüglich eines Schutzabstands von 400 m, Straßen einschließlich der Anbauverbotszone, Naturschutzgebiete bzw. Nationalparks. Aber auch Natura 2000-Gebiete werden genannt, soweit ihre Schutzzwecke bzw. Erhaltungsziele mit der Windenergienutzung nicht zu vereinbaren sind. Vor allem wenn die Gebiete dem Schutz von Vogel- und Fledermausarten dienen, soll eine Windenergienutzung ausscheiden. Entsprechendes gilt für Landschaftsschutzgebiete, wenn die zugrunde liegende Verordnung ein Bauverbot für Windenergieanlagen ausspricht bzw. die Windenergienutzung mit den Schutzzwecken nach der Verordnung nicht verträglich ist.

Die Einordnung von FFH- und Vogelschutzgebieten ist bisher in der Rechtsprechung nicht abschließend geklärt. Während ein Teil[34] davon ausgeht, dass FFH-Gebiete sowie europäische Vogelschutzgebiete (SPA-Gebiete) von vornherein als harte Tabuzonen für die Windenergienutzung ausscheiden, wird diese Auffassung z. B. vom *OVG Koblenz* nicht

---

28 Vgl. *BVerwG*, Urt. v. 13.12.2012 – 4 CN 1/11, juris, Rn. 10; Urt. v. 11.04.2013 – 4 CN 2/12, juris, Rn. 5.
29 *OVG Lüneburg*, Urt. v. 14.05.2014 – 12 KN 244/12, Rn. 101, juris.
30 Vgl. *BVerwG*, Urt. v. 11.04.2013 – 4 CN 2/12, juris, Rn. 5; *dass.*, Beschl. v. 13.12.2012 – 4 CN 1.11, juris, Rn. 10; *OVG Greifswald*, Urt. v. 03.04.2013 – 4 K 24/11, juris, Rn. 74.
31 Vgl. *BVerwG*, Urt. v. 11.04.2013 – 4 CN 2/12, juris, Rn. 5.
32 Vgl. *BVerwG*, Urt. v. 18.03.2004 – 4 CN 4.03.
33 Vgl. *Windenergieerlass*, Entwurf v. 29.04.2015, S. 70.
34 *OVG Berlin-Brandenburg*, Urt. v. 24.02.2011 – 2 A 2/09, Rn. 63, juris.

geteilt.³⁵ Danach sollen FFH-Gebiete kein rechtlich zwingendes Ausschlusskriterium für die Windkraftnutzung sein. Die Errichtung einer Windenergieanlage ist in einem FFH-Gebiet nur dann und insoweit rechtlichen Einschränkungen unterworfen, als Errichtung und Betrieb der Anlagen mit den Erhaltungszielen eines FFH-Gebiets unvereinbar und geeignet sind, das Gebiet erheblich zu beeinträchtigen. Ein Projekt, das zu erheblichen Beeinträchtigungen des FFH-Gebiets führen kann, kann zudem unter bestimmten Voraussetzungen gleichwohl zugelassen werden. Nach dieser Auffassung ist es grundsätzlich nicht möglich, FFH-Gebiete generell, ohne nähere Befassung mit der konkreten Situation, als harte Tabuzonen anzusehen.

Auch der Windenergieerlass schlägt eine ähnliche Richtung ein, indem er dem Plangeber eine Analyse bzw. Überprüfung der einzelnen FFH-Gebiete, ob die Errichtung von Windenergieanlagen dort nach den entsprechenden Erhaltungszielen bzw. Schutzzwecken möglich ist, auferlegt. Wenn das bejaht werden kann, sind die entsprechenden Gebiete oder auch Gebietsteile nicht als harte Tabuzonen auszuscheiden. Die Praxis wird zeigen, ob dieser nicht unerhebliche Ermittlungs- und Prüfungsaufwand auf der Ebene der Regionalplanung geleistet werden kann.

b) Weiche Tabuzonen

„Weiche" Tabuzonen sind Gebietsteile, in denen nach dem Willen des Planungsträgers aus unterschiedlichen Gründen die Errichtung von Windenergieanlagen „von vornherein" ausgeschlossen werden „soll".³⁶ Zwar dürfen, besser gesagt müssen sie anhand einheitlicher Kriterien ermittelt und vorab ausgeschieden werden, bevor diejenigen Belange abgewogen werden, die im Einzelfall für und gegen die Nutzung einer Fläche für die Windenergie sprechen. Sie bilden jedoch keine eigenständige Kategorie im System der Planung, sondern sind der Ebene der Abwägung zuzuordnen.

Weiche Tabuzonen sind also disponibel, regionalplanerische Gesichtspunkte hier nicht von vornherein vorrangig. Der Plangeber hat daher seine Entscheidung für weiche Tabuzonen zu rechtfertigen. Dazu muss er aufzeigen, wie er die eigenen Ausschlussgründe bewertet, d.h. kenntlich machen, dass er – anders als bei harten Tabukriterien – einen Bewertungsspielraum hat, und die Gründe für seine Wertung offen legen. Andernfalls scheitert seine Planung, unabhängig davon, welche Maßstäbe an die Kontrolle des Abwägungsergebnisses anzulegen sind, schon an dem fehlenden Nachweis, dass er die weichen Tabukriterien auf der Stufe der Abwägung in die Planung eingestellt hat.³⁷

Der Plangeber muss zudem die weichen Tabuzonen einer erneuten Betrachtung und Bewertung unterziehen, wenn er als Ergebnis seiner Untersuchung erkennt, dass er für die Windenergienutzung nicht substanziell Raum schafft.³⁸

Der Windenergieerlass³⁹ verzichtet auf eine Vorgabe oder auch nur Empfehlung für weiche Tabuzonen. Zur Begründung heißt es, dass weiche Tabuzonen auf der Planungs-

---

35 *OVG Koblenz*, Urt. v. 16.05.2013 – 1 C 11003/12 – Rn. 43 f., juris.
36 Vgl. *OVG Greifswald*, Urt. v. 03.04.2013 – 4 K 24/11, juris, Rn. 72.
37 Vgl. *BVerwG*, Urt. v. 13.12.2012 – 4 CN 1/11, juris, Rn. 13.
38 Vgl. *BVerwG*, Urt. v. 24.01.2008 – 4 CN 2.07, NVwZ 2008, 559, 560.
39 Vgl. *Windenergieerlass*, Entwurf v. 29.04.2015, S. 13.

ebene die Möglichkeiten, der Windenergie substanziell Raum zu verschaffen, von vornherein weiter einschränken sowie eine effiziente Nutzung der Windenergie und eine bestmögliche Erfüllung der verschiedenen natur-, arten- und immissionsschutzrechtlichen sowie sonstigen Schutzzwecke vor Ort erschweren können. Weiche Tabuzonen im Rahmen der Planung bedürfen daher, so der Erlass, einer sensiblen, sorgfältigen Prüfung im Hinblick auf den konkreten Planungsraum.

Vor der Übernahme pauschaler Mindestabstände aus anderen Plänen, Arbeitshilfen oder anderen Quellen wird vor dem Hintergrund der geschilderten Rechtsprechung gewarnt. Solche Abstandsempfehlungen könnten eine Orientierungshilfe darstellen, sind aber kein Ersatz für die eigene planerische Abwägung. Insofern sieht der Erlass auch von einer landesweiten verbindlichen Vorgabe für einen bestimmten Siedlungsabstand ab.

c) Unterscheidung zwischen harten und weichen Tabuzonen

Diese Unterscheidung in harte und weiche Tabuzonen darf nicht unterschätzt werden. Eine solche Aufschlüsselung ist bundesrechtlich zwingend. Zur Begründung verweist die Rechtsprechung darauf, dass die beiden Arten der Tabuzonen nicht demselben rechtlichen Regime unterliegen. Während harte Tabuzonen einer Abwägung entzogen sind, nehmen weiche Tabuzonen gerade an ihr teil.[40] Unterscheidet der Plangeber daher nicht zwischen harten und weichen Tabuzonen, sondern fasst sie als Bereiche zusammen, die für eine Windenergienutzung aus tatsächlichen, rechtlichen oder planerischen Gründen ausscheiden, erweist sich die Abwägung als fehlerhaft.[41]

Zwar muss der Plangeber die Begriffe „harte und weiche Tabuzonen" nicht wörtlich verwenden; maßgeblich sind weder die gewählte Form der Ausarbeitung des Planungskonzepts noch die dabei verwendeten Begriffe.[42] Entscheidend ist vielmehr, ob der Plangeber der Sache nach zwischen beiden unterschiedlichen Flächentypen unterschieden hat.[43] Andererseits wird in der Rechtsprechung betont, die Unterscheidung zwischen harten und weichen Tabuzonen sei „zwingend" und „alternativlos".[44]

So wurde das Regionale Raumordnungsprogramm Cuxhaven gerade wegen der fehlenden Differenzierung zwischen harten und weichen Tabukriterien für unwirksam erklärt.[45] Bemerkenswert an dieser Entscheidung, die der zitierten Rechtsprechung des *BVerwG* folgt, ist, wie bereits in der Einleitung ausgeführt, auch der Hinweis auf die frühere Rechtsprechung des Senats. Der beklagte Landkreis hatte seinen angegriffenen Plan mit dem gewiss nachvollziehbaren Hinweis verteidigt, dass das zugrunde gelegte Gesamtkonzept bereits bei der Aufstellung des Vorgängerplans im Jahre 2009 Gegenstand gerichtlicher Überprüfung durch denselben Senat des *OVG Lüneburg* war und im

---

40 Vgl. *BVerwG*, Urt. v. 11.04.2013 – 4 CN 2/12, juris, Rn. 6.
41 Vgl. *BVerwG*, Urt. v. 11.04.2013 – 4 CN 2/12, juris, Rn. 7 ff.; *OVG Lüneburg*, Urt. v. 14.05.2014 – 12 KN 244/12, Rn. 101, juris.
42 Vgl. *OVG Münster*, Urt. v. 30.09.2014 – 8 A 460/13, juris, Rn. 101.
43 Vgl. *OVG Greifswald*, Urt. v. 03.04.2013 – 4 K 24/11, juris, Rn. 81; *OVG Koblenz*, Urt. v. 16.05.2013 – 1 C 11003/12, juris, Rn. 32.
44 Vgl. *BVerwG*, Urt. v. 11.04.2013 – 4 CN 2/12, juris, Rn. 5.
45 Vgl. *OVG Lüneburg*, Urt. v. 14.05.2014 – 12 KN 244/13, juris.

Ergebnis für rechtmäßig befunden wurde. Das Gericht begegnete diesem Vorwurf mit dem aus Sicht des Landkreises sicherlich wenig befriedigenden Hinweis, dass es nunmehr der weiter entwickelten Rechtsprechung des *Bundesverwaltungsgerichts* folgend strengere Anforderungen an die Planung und deren Dokumentation stelle. Der 2012 angegriffene Plan hielt dem nicht stand. Anders gesagt: 2009 kam man damit noch durch, 2012 schon leider nicht mehr.

Die Empfehlung für jeden befassten Planer liegt nahe, durch die wörtliche Verwendung der Begriffe „harte und weiche Tabuzonen" zu dokumentieren, dass er die gestufte Prüfungsreihenfolge bei der Aufstellung seines Plans nicht nur verstanden, sondern auch angewendet hat.

Freilich: Nicht auf den Aufstellungsvorgang als solchen kommt es an, sondern die Differenzierung zwischen den Tabubereichen im Abwägungsvorgang hat sich in der „letzten" Abwägungsentscheidung zu zeigen. Dieser Abwägungsvorgang darf daher nicht verwechselt werden mit dem Planaufstellungsvorgang. Der Planaufstellungsvorgang mit seinen verschiedenen Stadien der Öffentlichkeitsbeteiligung bzw. Beteiligung Träger öffentlicher Belange dient der Ermittlung bzw. Zusammenstellung des Abwägungsmaterials. Das gestufte Plankonzept – oder mit der Planungspraxis gesagt: der sogenannte Kriterienkatalog – muss daher nicht bereits zu Beginn dieses Vorgangs in Stein gemeißelt sein, sondern kann Veränderungen erfahren. Im eigentlichen Abwägungsvorgang muss dann zwischen harten und weichen Tabuzonen unterschieden und dies entsprechend dokumentiert werden.

d) Potenzialflächenanalyse und -abwägung

Auf den nach Abzug der „harten" und „weichen" Tabuzonen verbleibenden Potenzialflächen, die für die Festsetzung von Konzentrationsflächen in Betracht kommen, hat der Plangeber konkurrierende Nutzungen zur Windenergienutzung in Beziehung zu setzen, d. h. öffentliche Belange, die gegen eine Windenergienutzung sprechen, mit dem Anliegen abzuwägen, der Windenergienutzung an geeigneten Standorten eine Chance zu geben, die ihrer Privilegierung nach § 35 Abs. 1 Nr. 5 BauGB gerecht wird.[46]

In der Planungspraxis werden hierzu sogenannte Restriktionskriterien verwandt. Diese Kriterien sprechen zwar grundsätzlich gegen die Festlegung einer Konzentrationszone für Windenergieanlagen. Im Einzelfall können die die Windenergie begünstigenden Belange jedoch überwiegen. Innerhalb der Restriktionsgebiete kann und muss damit eine Einzelfallabwägung erfolgen. So können örtliche Aspekte in besonderer Weise berücksichtigt werden. Die Schwierigkeit bei den oft größeren Planungsräumen liegt darin, dass auf dieser Stufe tatsächlich eine flächenbezogene Einzelfallabwägung stattzufinden hat, die gleichermaßen zu dokumentieren ist. Restriktionskriterium bedeutet Einzelfallabwägung. Daran scheint es, prüft man Abwägungskataloge, in einigen Fällen zu fehlen.

---

46 Vgl. *BVerwG*, Urt. v. 11.04.2013 – 4 CN 2/12, juris, Rn. 5.

e) Wurde der Windenergie substanziell Raum verschafft?

Bei dem beschriebenen Vorgehen ist der Plangeber allerdings nicht verpflichtet, der Windenergie „bestmöglich" Rechnung zu tragen; er muss jedoch der Privilegierungsentscheidung des Gesetzgebers Rechnung tragen. In einem weiteren Schritt hat der Planungsträger daher zu überprüfen, ob für die Windenergienutzung in substanzieller Weise Raum geschaffen wurde. Erforderlichenfalls muss er sein Auswahlkonzept überprüfen und ändern.[47]

Diese vom *Bundesverwaltungsgericht* scheinbar klar definierte Anforderung erweist sich in der Planungspraxis als echte Herausforderung. Wann der Plangeber nämlich substanziell Raum verschafft hat, bleibt offen. Die Rechtsprechung zu dieser Frage[48] zeigt, dass es tatsächlich nicht auf Flächenverhältnisse oder Größenvergleiche ankommt, sondern eine nachvollziehbare Begründung gefragt ist, bei welcher der Plangeber zwar gut beraten ist, den Flächenverhältnissen Indizwirkung zuzumessen, allerdings auch andere Umstände, die sein Plangebiet kennzeichnen, heranzuziehen.

Spannend wird sein, welche Konsequenzen die Rechtsprechung in Niedersachsen aus den regionalisierten Flächenansätzen (siehe oben unter II. 2. a) aa)) ziehen wird, insbesondere ob diesen Flächenansätzen zumindest Indizwirkung dafür zugemessen wird, ob ein Plangeber der Windenergie ausreichend Raum geschaffen hat. Auch wenn der Erlass insoweit nicht für die Plangeber verbindlich ist, so soll er doch zumindest Orientierungshilfe sein. Plangeber in Niedersachsen werden daher gut beraten sein, die regionalisierten Flächenansätze in der Planbegründung aufzugreifen und, wenn sie davon im Sinne einer geringeren Fläche für die Windenergie abweichen wollen, das nachvollziehbar zu begründen.

IV. Unwirksamer Plan – Was nun?

Ist ein Regionalplan für unwirksam erklärt worden, lebt grundsätzlich – sofern es einen Vorgänger gibt – der alte Plan wieder auf. In der Regel wird jedoch ein solch „wieder aufgelebter" Altplan den heutigen Kriterien der Rechtsprechung noch viel weniger genügen und noch viel mehr angreifbar sein.

Kann daher ein Genehmigungsantrag für Windenergieanlagen auf Flächen, die im alten Plan nicht als Konzentrationszone ausgewiesen sind, rechtmäßig abgelehnt werden? Wie muss die Genehmigungsbehörde mit dem alten Plan umgehen? Diese Frage ist höchst umstritten. Zwar hat die Behörde unbestritten keine Verwerfungskompetenz, kann also den Plan nicht für unwirksam erklären. Die Befugnis steht nur dem Gericht zu. Teilweise wird der Behörde jedoch eine sogenannte Nichtanwendungskompetenz für den Fall offen-

---

47 Vgl. *BVerwG*, Urt. v. 11.04.2013 – 4 CN 2/12, juris, Rn. 5.
48 Vgl. *OVG Lüneburg*, Urt. v. 28.08.2013 – 12 KN 146/12, juris, Rn. 40.; *VGH München*, Beschl. v. 21.01.2013 – 22 Cs 12.2297, juris, Rn. 23; *VG Hannover*, Urt. v. 24.11.2011 – 4 A 4927/09, juris, Rn. 66; *Gatz*, Windenergieanlagen in der Verwaltungs- und Gerichtspraxis, Rn. 666.

sichtlich fehlerhafter Rechtsvorschriften zuerkannt.[49] Aus der Gesetzesbindung der Verwaltung gemäß Art. 20 Abs. 3 GG folge, dass Behörden nicht verpflichtet sein können, eine von ihnen als unwirksam erkannte Norm anzuwenden.[50] Nach anderer Auffassung besteht eine Nichtanwendungskompetenz für Behörden nicht.[51] Das *Bundesverwaltungsgericht* hat die Beantwortung dieser Frage bis jetzt offengelassen.[52]

Vor dem Hintergrund dieser uneinheitlichen Rechtsprechung empfiehlt sich für betroffene Projektierer eine enge Abstimmung mit der Genehmigungsbehörde. In Niedersachsen ist der Kreis als Rechtsträger der Immissionsschutzbehörde oft auch der Rechtsträger der Regionalplanung. Wenn daher die Planungsbehörde erklärt, den als unwirksam erkannten Plan nicht mehr anzuwenden, wie es teilweise bereits geschehen ist, hat das Konsequenz auch für die Prüfung durch die Genehmigungsbehörde.

V. Andere Bundesländer

Nach der Darstellung der derzeitigen Situation in Niedersachsen soll ein kurzer Blick auf die Situation in einigen anderen Bundesländern geworfen werden. Auch hier gibt es zahlreiche neue und unterschiedliche Entwicklungen zur Gestaltung der Energiewende und zur Bewältigung der damit einhergehenden Konfliktfelder.

1. Schleswig-Holstein

Eine der wohl interessantesten Fragestellungen aus juristischer Sicht wirft Schleswig-Holstein auf. Am 05.06.2015 ist nämlich das Windenergieplanungssicherstellungsgesetz[53] (WEPSG) in Kraft getreten. Wie sich dem „griffigen" Titel bereits entnehmen lässt, verfolgt das Gesetz nach den Angaben in der Gesetzesbegründung das Ziel, die Planung von Windenergieanlagen zu sichern.

Anlass war die Rechtsprechung des *OVG Schleswig*, mit der die Teilfortschreibungen zweier Regionalpläne aus dem Jahre 2012 für unwirksam erklärt wurden[54]. Klar war auch, dass die Pläne der drei übrigen Planungsregionen, zu denen sämtlich Normenkontrollanträge anhängig waren, an den gleichen Fehlern litten und ihr rechtliches Schicksal vorhersehbar war.

Mit dem WEPSG sollte nunmehr Vorsorge vor einem „befürchteten Wildwuchs" geschaffen werden. Dazu wird in einem auf zwei Jahre befristeten Moratorium festgelegt, dass bis zum 05.06.2017 alle Windenergieanlagen im gesamten Landesgebiet unzulässig sind. Ausnahmsweise können durch die Landesplanungsbehörde Ausnahmen für

---

49 Vgl. zum Ganzen: *Gril,* JuS 2000, S. 1080.
50 Vgl. *OVG Lüneburg,* Beschl. v. 15.10.1999 – 1 M 3614/99, juris, Rn. 10.
51 Vgl. *VGH München,* Urt. v. 01.04.1982 – 15 N 81 A/1679, juris.
52 Vgl. *BVerwG,* Urt. v. 31.01. 2001 – 6 CN 2.00, juris, Rn. 24.
53 Gesetz zur Änderung des Landesplanungsgesetzes – Windenergieplanungssicherstellungsgesetz (WEPSG) Vom 22. Mai 2015 (GVOBl. Schl.-H. S. 132).
54 Vgl. *OVG Schleswig,* Urteil v. 20.01.2015 – 1 KN 7/13, juris.

konkrete Genehmigungsverfahren zugelassen werden, wenn bestimmte Kriterien eingehalten werden. Der Landes- und Regionalplanung soll dadurch ein Zeitfenster von zwei Jahren eingeräumt werden, um die Neuplanung voranzutreiben und Eignungsgebiete rechtssicher auszuweisen. Durch einen Planungserlass vom 23.06.2015[55] und einen Beratungserlass vom 26.08.2015[56] wird das WEPSG ergänzt.

Mit dem WEPSG wird der Privilegierungstatbestand des § 35 Abs. 1 Nr. 5 BauGB ins Gegenteil verkehrt. Windenergieanlagen sind danach während des Moratoriums allgemein unzulässig und können (nur) im Einzelfall zugelassen werden. Vor dem Hintergrund der verfassungsrechtlich garantierten Baufreiheit aus Art. 14 Abs. 1 GG erscheint die mit dem WEPSG angeordnete, wenn auch befristete pauschale Unzulässigkeit von Vorhaben materiellrechtlich höchst zweifelhaft.[57] Auch ein Eingriff in die grundgesetzliche Kompetenzordnung liegt nahe, wird doch die Kompetenz des Bundes zum Bodenrecht, von der er mit dem BauGB und der darin geregelten Privilegierung von Windenergieanlagen im Außenbereich Gebrauch gemacht hat, erheblich berührt.[58] Eine gerichtliche Klärung ist angesichts der Dauer von Klageverfahren und der Befristung auf zwei Jahre freilich kaum innerhalb dieser Zeit zu erwarten.

2. Mecklenburg-Vorpommern

Die Landesregierung Mecklenburg-Vorpommerns hat ein Gesetzesvorhaben auf den Weg gebracht, das die Akzeptanz von Windenergieanlagen durch ein Modell der wirtschaftlichen Teilhabe stärken soll.[59] Vorbild einer derartigen Regelung ist das dänische Gesetz „Promotion of Renewable Energy Act", das eine ähnliche Zielsetzung hat.

Das Gesetz sieht vor, dass bei der Errichtung von Windenergieanlagen in Mecklenburg-Vorpommern künftig zunächst eine Projektgesellschaft gegründet werden muss. Von dieser Projektgesellschaft muss der Vorhabenträger den Kaufberechtigten 20 % der Anteile zum Kauf anbieten. Der Kaufpreis soll sich dabei nicht nach dem Marktpreis, sondern nach den anteiligen Projektkosten richten. Kaufberechtigt sind u. a. sowohl An-

---

55 *Teilfortschreibung des Landesentwicklungsplanes Schleswig-Holstein 2010 und Teilaufstellung der Regionalpläne (Sachthema Windenergie) für die Planungsräume I bis III,* Runderlass des Ministerpräsidenten, Staatskanzlei, – Landesplanungsbehörde – vom 23. Juni 2015 – StK LPW – Az. 500.99.
56 *Konsequenzen aus den Urteilen des Schleswig-Holsteinischen Oberverwaltungsgerichtes vom 20.01.2015 betreffend die Teilfortschreibungen 2012 der Regionalpläne I und III zur Ausweisung von Windenergieeignungsgebieten,* Gemeinsamer Beratungserlass der Staatskanzlei, des Ministeriums für Inneres und Bundesangelegenheiten und des Ministeriums für Energiewende, Landwirtschaft, Umwelt und ländliche Räume des Landes Schleswig-Holstein vom 26.08.2015.
57 *Frenz,* JuS 2009, S. 902, 903.
58 *Bringewat,* Das Windenergieplanungssicherstellungsgesetz (WEPSG) – ein kurzer Gedanke, 15.06.2015, abrufbar unter: http://www.jurablogs.com/go/das-windenergieplanungssicherstellungsgesetz-wepsg-ein-kurzer-gedanke.
59 *Entwurf eines Gesetzes über die Beteiligung von Bürgerinnen und Bürgern sowie Gemeinden an Windparks in Mecklenburg-Vorpommern und zur Änderung weiterer Gesetze,* abrufbar unter: http://service.mvnet.de/_php/download.php?datei_id=156100.

wohner, die im Umkreis von fünf Kilometern zur Windenergieanlage wohnen als auch die Gemeinden, die im Umkreis von fünf Kilometern zur Anlage liegen.

Mecklenburg-Vorpommern betritt mit dem Beteiligungsgesetz rechtliches Neuland.[60] Fragen wirft das Gesetz vor allem in kompetenzrechtlicher Hinsicht auf. Das Land beruft sich dabei auf die allgemeine Gesetzgebungskompetenz der Länder aus Art. 70 Abs. 1 GG und führt an, dass der Bund, obwohl er mit dem BImSchG, dem BauGB oder dem EnWG von seiner konkurrierenden Gesetzgebungskompetenz Gebrauch gemacht habe, keine Regelungen zur Bürger- oder Gemeindenbeteiligung getroffen hat und somit der Landesgesetzgeber diese Lücke ausfüllen kann.[61] Ob das zutreffend ist, darüber lässt sich trefflich streiten.[62] Die weitere Entwicklung darf mit Spannung erwartet werden.

3. Sachsen-Anhalt

In Sachsen-Anhalt ist seit dem 01.07.2015 das Landesentwicklungsgesetz (LEntwG) in Kraft. Für die Windenergie ergeben sich daraus erhebliche Konsequenzen. So soll die Entwicklung der Windenergie vor allem auf die Erneuerung bestehender Anlagen konzentriert werden. Der Begriff des Repowering wird dabei so definiert, dass in einem Landkreis mindestens zwei Windenergieanlagen abgebaut werden müssen, um eine Anlage dort neu errichten zu dürfen. Zuständig für den planerischen Vollzug sollen die Regionalen Planungsgemeinschaften sein. Insofern wird die Regelung erst nach entsprechender Fortschreibung der Regionalpläne in Sachsen-Anhalt planerisch Wirkung entfalten.

4. Thüringen

Thüringen hat eine landesweite „Ermittlung von Präferenzräumen für die Windenergienutzung in Thüringen" vorgelegt. Diese sieht beispielsweise erstmalig die Öffnung von Teilen des thüringischen Waldes für die Windenergienutzung vor.[63] Außerdem wurden von der thüringischen „Servicestelle Windenergie" Leitlinien für eine freiwillige Selbstverpflichtung von Windkraftprojektierern veröffentlicht. Bürger sollen dadurch besser informiert und vermehrt wirtschaftlich an Windenergieanlagen beteiligt werden. Projektierer, die sich einer solchen Selbstverpflichtung unterwerfen, sollen mit einem Label ausgezeichnet werden.

---

60 *Ministerium für Energie, Infrastruktur und Landesentwicklung Mecklenburg-Vorpommern*, Pressemitteilung Nr. 108/15 v. 23.06.2015.
61 Vgl. Entwurf BüGembeteilG, S. 15.
62 Vgl. zur Kritik des *Bundesverbandes Windenergie*: https://www.wind-energie.de/.../20150824-buegembeteilg-m-v.pdf.
63 Vgl. *Ermittlung von Präferenzräumen für die Windenergienutzung in Thüringen*, S. 11 f.

5. Nordrhein-Westfalen

In Nordrhein-Westfalen steht die Fortschreibung des Windenergieerlasses bevor. Hierzu liegt ein Entwurf vom 20.05.2015 vor. Er sieht u. a. vor, dass der Ausbau des Windstromanteils bis 2020 von 3 % auf 15 % steigen soll.

VI. Fazit

Die Bewältigung der Energiewende, der Ausbau der Windenergie und die oft beschworene Akzeptanzsteigerung bleiben spannende Themen. In den Bundesländern werden verschiedene Instrumente zur Konfliktbewältigung genutzt. Neben Windenergieerlassen in Niedersachsen und Nordrhein-Westfalen werden auch neue Wege beschritten, wie das geplante Bürger- und Gemeindenbeteiligungsgesetz in Mecklenburg-Vorpommern oder die befristete „Unzulässigkeit" von Windenergieanlagen in Schleswig-Holstein als Ausbaumoratorium. Ob gerade letztgenannte Gesetze auch verfassungsrechtlicher bzw. gerichtlicher Prüfung standhalten werden, bleibt abzuwarten.

Literaturverzeichnis

Änderung des Regionalen Raumordnungsprogramms für den Landkreis Cuxhaven. Fortschreibung des sachlichen Teilabschnittes Windenergie –2015–, Begründung/Erläuterung, Entwurf, Stand: Juni 2015, abrufbar unter: http://www.landkreis-cuxhaven.de/media/custom/1779_3805_1.PDF?1435824548 (abgerufen: 25.09.2015)

Bringewat, Jörn, Das Windenergieplanungssicherstellungsgesetz (WEPSG) – ein kurzer Gedanke, 15.06.2015, abrufbar unter: http://www.jurablogs.com/go/das-windenergieplanungssicherstellungsgesetz-wepsg-ein-kurzer-gedanke, (abgerufen: 25.09.2015)

Bundesverband WindEnergie e.V. (BWE), Landesverband Mecklenburg-Vorpommern/ WindEnergy Network e.V., Gemeinsame Stellungnahme zum Entwurf eines Gesetzes über die Beteiligung von Bürgerinnen und Bürgern sowie Gemeinden an Windparks in Mecklenburg-Vorpommern und zur Änderung weiterer Gesetze gemäß Vorlage zur Kabinettssitzung vom 23. Juni 2015, Sternberg/Rostock, Stand: 21. August 2015, abrufbar unter: https://www.wind-energie.de/.../20150824-buegembeteilg-m-v.pdf

Entwurf eines Gesetzes über die Beteiligung von Bürgerinnen und Bürgern sowie Gemeinden an Windparks in Mecklenburg-Vorpommern und zur Änderung weiterer Gesetze, abrufbar unter: http://service.mvnet.de/_php/download.php?datei_id=156100 (abgerufen: 25.09.2015)

Ermittlung von Präferenzräumen für die Windenergienutzung in Thüringen. Erläuterungsbericht, im Auftrag des Thüringer Ministeriums für Infrastruktur und Landesentwicklung, 10.02.2015, abrufbar unter: http://www.thueringen.de/mam/th9/tmblv/rolp/windstudie_2015.pdf (abgerufen: 25.09.2015)

Frenz, Walter, Der Baugenehmigungsanspruch, Juristische Schulung (JuS) 2009, S. 902–905

Gatz, Stephan, Windenergieanlagen in der Verwaltungs- und Gerichtspraxis, 2. Auflage, Bonn 2013

Gril, Peter, Normprüfungs- und Normverwerfungskompetenz in der Verwaltung, Juristische Schulung (JuS) 2000, S. 1080–1085

Konsequenzen aus den Urteilen des Schleswig-Holsteinischen Oberverwaltungsgerichtes vom 20.01.2015 betreffend die Teilfortschreibungen 2012 der Regionalpläne I und III zur Ausweisung von Windenergieeignungsgebieten, Gemeinsamer Beratungserlass der Staatskanzlei, des Ministeriums für Inneres und Bundesangelegenheiten und des Ministeriums für Energiewende, Landwirtschaft, Umwelt und ländliche Räume des Landes Schleswig-Holstein vom 26.08.2015, abrufbar unter: https://www.schleswig-holstein.de/DE/Fachinhalte/L/landesplanung_raumordnung/raumordnungsplaene/landesentwicklungsplan/_documents/150826_Beratungserlass_KonsequenzenOVGUrteil.pdf?__blob=publicationFile&v=2 (abgerufen: 25.09.2015)

Landes-Raumordnungsprogramm Niedersachsen 2008, abrufbar unter: http://www.
ml.niedersachsen.de/portal/live.php?navigation_id=1378&article_id=5062&_psmand=7
(abgerufen: 25.09.2015)

Lau, Marcus, Substanzieller Raum für Windenergienutzung – Zur Abgrenzung zwischen
Verhinderungsplanung und zulässiger Kontingentierung, Landes- und Kommunalverwaltung (LKV) 2012, S. 163–167

Maurer, Hartmut, Allgemeines Verwaltungsrecht, 18. Auflage, München 2011

Ministerium für Energie, Infrastruktur und Landesentwicklung Mecklenburg-Vorpommern, Pressemitteilung Nr. 108/15 v. 23.06.2015, abrufbar unter: http://www.regierungmv.de/cms2/Regierungsportal_prod/Regierungsportal/de/start/_Dienste/Presse/Aktuelle_
Pressemitteilungen/index.jsp?pid=100996 (abgerufen: 08.07.2015)

Ministerium für Umwelt, Energie und Klimaschutz des Landes Niedersachsen, Leitfaden
Umsetzung des Artenschutzes bei der Planung und Genehmigung von Windenergieanlagen in Niedersachsen – Entwurf, Fassung: 12.02.2015, abrufbar unter:http://www.um
welt.niedersachsen.de/energie/windenergieerlass/windenergieerlass-133444.html (abgerufen: 25.09.2015)

*Planung und Genehmigung von Windenergieanlagen an Land in Niedersachsen und
Hinweise für die Zielsetzung und Anwendung (Windenergieerlass),* Gem. RdErl. d. MU,
ML, MS, MW und MI, – MU-Ref52-29211/1/300 – (Entwurfsstand 29.04.2015), Stand:
05.05.2015, abrufbar unter: http://www.umwelt.niedersachsen.de/energie/windenergieer
lass/windenergieerlass-133444.html (abgerufen: 25.09.2015)

Rojahn, Ondolf, Umweltschutz in der raumordnerischen Standortplanung von Infrastrukturvorhaben, Neue Zeitschrift für Verwaltungsrecht (NVwZ) 2011, S. 654–662

Stelkens, Paul/Heinz Joachim Bonk/Michael Sachs, Verwaltungsverfahrensgesetz:
VwVfG. Kommentar, 8. Auflage 2014

Sydow, Gernot, Neues zur planungsrechtlichen Steuerung von Windenergiestandorten,
Neue Zeitschrift für Verwaltungsrecht (NVwZ) 2010, S. 1534–1537

Teilfortschreibung des Landesentwicklungsplanes Schleswig-Holstein 2010 und Teilaufstellung der Regionalpläne (Sachthema Windenergie) für die Planungsräume I bis III,
Runderlass des Ministerpräsidenten, Staatskanzlei, – Landesplanungsbehörde – vom 23.
Juni 2015 – StK LPW –Az. 500.99, abrufbar unter:http://www.schleswig-holstein.de/DE/
Landesregierung/I/_startseite/Artikel/150616_WindenergieNeuausrichtung_Material/pla
nungerlass.html (abgerufen: 25.09.2015)

Thau, Liane, Bauplanungsrechtliche Zulässigkeit einer Windenergieanlage in einem Industriegebiet, jurisPR-UmwR 9/2015, Anm. 3

Verordnung zur Änderung der Verordnung über das Landes-Raumordnungsprogramm Niedersachsen (LROP) vom 24. September 2012, abrufbar unter: http://www.ml.niedersachsen.
de/portal/live.php?navigation_id=28071&article_id=90404&_psmand=7

Frank Albrecht

Windparkplanung in der Flurbereinigung ...
der etwas andere Weg

I. Definition Flurneuordnung nach §§ 87 ff. FlurbG (Unternehmensflurbereinigung)

Dieses spezielle Verfahren nach dem Flurbereinigungsgesetz (FlurbG) setzt voraus, dass für eine Unternehmung (z.B. Straßen- oder Schienenwegebau) die Enteignung zulässig ist. Als milderndes Mittel wird das Instrument der Flurbereinigung (Flurb.) „gewählt", um den Landverlust für die Infrastrukturmaßnahme auf einen großen Kreis von Grundeigentümern zu verteilen. Gleichzeitig werden eigene Ziele zur Verbesserung der Agrarstruktur wie z.B. die Erschließung der Grundstücke oder der Sicherung/Verbesserung des Bodenschutzes verfolgt.

Die Verfahren dauern in der Regel von der Einleitung bis zur Schlussfeststellung 20 bis 25 Jahre. In diesem langen Zeitraum werden oftmals landesplanerische Zwecke bzw. die Bauleitplanung umdefiniert. Darum soll es im Folgenden gehen – in diesem Falle um die Planung und Realisation eines Windparks, z.B. um acht Windenergieanlagen neuesten Baustandards mit ca. 240 m Gesamthöhe.

Die Voraussetzungen werden dazu z.B. in Sachsen-Anhalt durch den Regionalen Entwicklungsplan (REP) bzw. darüber hinaus durch die Flächennutzungs- und Bebauungspläne der Kommunen geschaffen. Dies hat zunächst mit der Flurbereinigung wenig zu tun, wird aber in dem Falle „spannend", wenn diese Gebietsausweisung des Windparks in dem abgegrenzten Gebiet der Flurbereinigung liegt.

II. Fallbeispiele je nach Stand des Flurbereinigungsverfahrens

Fall 1: 0 bis 5 Jahre nach der Einleitung der Flurbereinigung
(Alter Bestand der Flurstücke)

In dieser Zeitspanne sind in der Regel die Grundabsprachen mit dem Unternehmensträger (z.B. dem Autobahnamt), die Aufstellung der Neugestaltungsgrundsätze und die Wertermittlung des Bodens erfolgt. Der alles entscheidende Eigentumsstand befindet sich grundbuchrechtlich und nutzungstechnisch im Alten Bestand des Grundbuchs und Katasters. Demnach bestehen noch keine Ansätze für die Neuplanung der Flurstücke, um den entsprechenden Aspekten der Arrondierung, Erschließung bzw. der Entflechtung von den Unternehmensanlagen gerecht zu werden. In dieser a)-Phase wird sich der Windparkplaner an die Grundeigentümer nach altem Grundbuchbestand wenden, um die entsprechenden Ab- und Zustimmungen zu erzielen. Voraussetzung für die Realisierung des Windparks ist die Einholung der Zustimmung gem. § 34 FlurbG seitens der Flurbereinigungsbehörde. § 34 FlurbG wird als sog. Veränderungssperre bezeichnet, der alle Grundstücke im laufenden Flurbereinigungsverfahren unterliegen, um nicht vollendete Tatsachen zu schaffen, der die Planung der neuen Landzuteilung ggf. zuwiderlaufen. In diesem Falle wird möglicherweise die Flurbereinigungsbehörde in ihrer Moderationsrolle anregen, eine Interessengemeinschaft (IG) für den Windpark unter Einschluss aller darin befindlichen Grundeigentümer zu schaffen, um die „Gewinne" aus dem Windpark (> Pacht) zu sozialisieren, egal wo sich die Flächen eines Grundeigentümers im abgegrenzten Bereich des Windparks befinden; damit wird dem Gerechtigkeitsgedanken der IG gefolgt und findet in der Regel große Akzeptanz vor Ort.

Damit kann der Windpark gebaut werden und die Flurbereinigungsbehörde wird alsdann diese „neue" Struktur in der Landnutzung als Sondergebiet im großen Flurbereinigungsverfahren ansehen und entsprechend die Eigentümer auch bei der Neuplanung der Flurstücke dort belassen, es sei denn, ein Eigentümer möchte auf ausdrücklichen Wunsch (in Form einer schriftlichen Abfindungsvereinbarung) dort herausgetauscht werden.

Nach Planung des Neuen Bestandes in einem späteren Stadium (c-Phase) wird sich in diesem kleinen Planungsbereich von vielleicht 100 ha die gleiche Eigentumssituation widerspiegeln, die dort vorher geherrscht hat, allerdings mit der Besonderheit, dass alle Flurstücke über einen öffentlichen Weg erschlossen sind. Der in diesem Falle darunter leidende Aspekt der Arrondierung mit anderen Eigentumsflächen im Verfahren kann jedoch aufgrund der besonderen Pachtausschüttung vernachlässigt werden.

Fall 2: 5 bis 10 Jahre nach der Einleitung der Flurbereinigung
(Alter Bestand der Flurstücke)

In diesem Zeitraum ist der Plan nach § 41 FlurbG (Wege- und Gewässerplan mit landschaftspflegerischem Begleitplan) in enger Zusammenarbeit mit der Teilnehmergemeinschaft und sämtlichen Trägern öffentlicher Belange aufgestellt. In der Regel wird dieser nicht planfestgestellt, sondern von der Oberen Flurbereinigungsbehörde plangenehmigt, der Ausbau der Anlagen wird vollzogen, das heißt in der Örtlichkeit realisiert. Damit werden gewissermaßen auch vollendete Tatsachen geschaffen, die möglicherweise auch Einfluss auf die Windparkplanung hinsichtlich der Erschließung haben (können).

In der Regel haben auch bereits die sog. Planungsgespräche mit allen Grundeigentümern hinsichtlich der Lage ihrer neuen Flurstücke stattgefunden bzw. stehen kurz bevor.

Wird nunmehr eine Windparkplanung „angeschoben", wird sich dieses auch auf die Wünsche der Eigentümer niederschlagen bzw. auf die Intention der Flurbereinigungsbehörde, die möglicherweise bereits ein Konzept für die Neuplanung der Flurstücke vorliegen hat. An dieser Stelle gilt es nun für alle Beteiligten umzudenken, um den neuen Verhältnissen gerecht zu werden. In der Regel läuft es darauf hinaus, die Planungsgespräche mit den „betroffenen" Grundeigentümern unter diesem neuen Gesichtspunkt zu wiederholen, um den Interessen – nicht nur der Eigentümer – gerecht zu werden.

Auch der Windparkplaner hat ein – ggf. sogar öffentliches – Interesse und Recht, seine Planungen für die Windenergieanlagen (WEA) möglichst zeitgerecht mit dem entsprechenden Genehmigungsverfahren über den Landkreis Realität werden zu lassen.

Die Planung des Neuen Bestandes durch die Flurbereinigungsbehörde wird demnach flankiert von den Interessen der Eigentümer sowie des Windparkplaners. D. h. auch hier ist wiederum ein hohes Maß an Moderationstalent und Einfallsreichtum gefragt, um möglichst alle „unter einen Hut" zu bekommen.

Dabei kann sich – wie in der Praxis durchaus der Regelfall – herausstellen, dass ein Eigentümer, der auch noch eine „Poleposition" im Windeignungsgebiet einnimmt, keinerlei Interesse an Windrädern hat. Dieser Eigentümer wird keiner Grundbucheintragung, keiner Baulast und auch keiner „Extraausschüttung" seitens der Windparkplaner zustimmen – er will einfach nicht! Vielleicht will er nicht einmal, dass seine Fläche im Zuge der Neuplanung der Eigentumsflächen aus dem Bereich des Windparks herausgetauscht wird? Er „sitzt" sozusagen auf seiner Fläche im Altbestand aus Gründen, die ggf. auch für den Planer der Flurbereinigungsbehörde nachvollziehbar sind.

Was nun?
Unter Umstand lässt sich der Standort der WEA noch ein wenig verschieben, um den Interessen dieses Eigentümers absolut gerecht zu werden – schön wär`s! Aber nicht einmal das soll in diesem Beispiel funktionieren, da die technischen Rahmenbedingen bei der Erstellung dieser WEA bereits ausgeschöpft sind. Ende des Windparkprojekts oder zumindest einer WEA?
Nein.

Wenn alle planerischen und gestalterischen Möglichkeiten ausgeschöpft sind, obliegt es dem Windparkplaner, einen Antrag auf Flächenentzug im öffentlichen Interesse bei der Flurbereinigungsbehörde zu stellen. Dieser möglicherweise letzte „Rettungsanker" für die WEA bedarf der sehr strengen Prüfung seitens der Flurbereinigungsbehörde, möglicherweise unter Hinzuziehung sämtlicher anderer Genehmigungsbehörden auf unterer und mittlerer Instanz, damit bei einem Klageverfahren des Grundeigentümers nichts Gegenteiliges herauskommt, das möglicherweise die gesamte Neuplanung der Grundstücke „auf den Kopf stellt". Dieses hätte immense Zeitverluste bis hin zu zwei Jahren zur Folge. Ist alles „gut", wird der Eigentümer in anderer Lage wertgleich abgefunden und die WEA wird gebaut werden können.

Auch in dieser b)-Phase wird eine Interessengemeinschaft propagiert und von Vorteil sein – Pflicht ist sie allerdings nie.

Fall 3: 10 bis 15 Jahre nach Einleitung der Flurbereinigung
(Neuer Bestand der Flurstücke)

Ein deutlicher Schritt in Richtung Ende des Verfahrens ist dann „in Sicht", wenn die Besitzeinweisung nach § 65 FlurbG erfolgt ist. D.h. die vermessungstechnische Absteckung der Neuzuteilung ist absolviert, deren Voraussetzung ist, dass das Abfindungsverhältnis eines jeden Teilnehmers feststeht. Die Grundeigentümer sind in ihren neuen Besitz auf Wunsch örtlich einzuweisen, so dass vor Aufstellung des Flurbereinigungsplans eine möglicherweise jahrelange Akzeptanz hinsichtlich der neuen Flächen entstehen kann. Allerdings handelt es sich noch nicht um die neuen Eigentumsflächen, da die Grundbuchberichtigung erst einige Jahre später erfolgt. Es handelt sich also „nur" um den tatsächlichen Besitz, um es noch einmal zu verdeutlichen.

Soll nun ein Windparkprojekt realisiert werden, kann der Windparkplaner die Grunddienstbarkeiten nicht mehr in das ja noch alte Grundbuch eintragen, sondern regelt dieses zunächst über rechtliche Verpflichtungen, die später dann durch die Flurbereinigungsbehörde mittels Flurbereinigungsplan im Zuge der Berichtigung der öffentlichen Bücher ins (neue) Grundbuch eingetragen wird. Ähnlich wird mit Abstandsbaulasten verfahren. So der Weg, wenn niemand sich dagegen mittels Widerspruch erhebt.

Sind allerdings seitens der Flurbereinigungsteilnehmer erhebliche Bedenken oder gar Widersprüche anhängig, gestaltet sich das Verfahren u. U. deutlich anders, um nicht zu sagen „schwieriger". Welche Art von Einwendungen sind nun vorstellbar? Grundsätzlich kann man zwei Fallgruppen unterscheiden:

a) Ein Alteigentümer, der vor der Besitzeinweisung in dieser Lage seine Eigentumsflächen hatte, und neu nicht mehr, möchte an der Ausschüttung der WEA partizipieren. Er oder sie „beschuldigt" die Flurbereinigungsbehörde, aus dieser nunmehr interessanten Lage herausgetauscht worden zu sein. Hat die Flurbereinigungsbehörde bei der Planung der Neuzuteilung „richtig" abgewogen, d. h. erst deutlich nach der neuen Planung von der Ausweisung eines Windeignungsgebietes nachweislich erfahren, wird der Widerspruch vor Gericht kaum Gehör finden. Ist allerdings nur die kleinste Unachtsamkeit des Planers nachzuweisen, kann u. U. die gesamte Zuteilungsplanung hinfällig sein. Damit sind Jahre im laufenden Verfahren verloren.

b) Ein Neubesitzer von Flächen liegt neuerdings im Windeignungsgebiet mittels Besitzeinweisung. Das missfällt ihm/ihr sehr, da dieser Mensch ein engagierter Gegner von WEA ist; demnach werden Einwendungen im laufenden Verfahren erhoben. Der Windparkplaner wendet sich vertrauensvoll an die Flurbereinigungsbehörde, die diesem Dilemma mangels fehlender Zustimmung zur späteren Grundbucheintragung abhelfen soll. Wie kann geholfen werden? Möglicherweise ist der Neu-Besitzer bereit, außerhalb des abgegrenzten Bereiches des Windparks andere Abfindungsflächen zu nehmen, wenn Tauschpartner gefunden werden, die in das entsprechende Gebiet passgenau hineingetauscht werden können: Ein kleines Puzzle für die Flurbereinigungsbehörde, aber durchaus ohne großen Aufwand und Zeitverlust lösbar.

Es sind noch viele andere Facetten denkbar, die allerdings eine deutlich individuellere Vorgehensweise erfordern, immer allerdings unter dem Gesichtspunkt der wertgleichen Landabfindung der Teilnehmer mit einem deutlichen Flurbereinigungsvorteil, der die Nachteile im Unternehmensverfahren mildern soll. Darauf wird hier nicht weiter eingegangen.

III. Schlussbetrachtung und Anregungen

Grundsätzlich ist an dieser Stelle zu sagen: (Fast) Alle Fälle sind zugunsten der WEA lösbar; es ist nur gelegentlich eine Frage des Zeit- und Personalaufwandes, damit auch verbunden mit einem gewissen materiellen Aufwand. Letzteres ist schließlich von der Flurbereinigungsbehörde, der Teilnehmergemeinschaft und dem Windparkplaner abzuwägen, was zugegebenermaßen ein sehr hohes Maß an Empathie und sehr viel Fingerspitzengefühl erfordert.

Möglich ist allerdings auch, dass ein Windparkplaner als zusätzlicher (kleiner) Unternehmensträger im Rahmen seines öffentlichen Auftrags zur Sicherung des (alternativen) Energiebedarfs der Bevölkerung auftritt. Damit sind noch weitere Möglichkeiten zur einvernehmlichen Umsetzung von WEA gegeben. Ein öffentliches Interesse an Energie besteht ja deutlich, denn nur für wenige Menschen kommt der Strom einfach aus der Steckdose.

Ein Ausblick sei noch gewagt hinsichtlich der Kompensationsmaßnahmen, die wohl noch lange nicht in ihrem Potenzial ausgeschöpft sind.

Den Naturschutz mit Geld zu befriedigen, ist wohl nicht unbedingt die kreativste Lösung!

Vielmehr gibt es eine ganze Reihe von Chancen für den Natur- und Umweltschutz, die erst durch WEA, d. h. auch „Geldgeber", sinnvoll und möglich sind. Ein paar davon sollen hier kurz angesprochen werden:

- WEA bieten die Möglichkeit, in der intensiv genutzten, möglicherweise ausgeräumten Agrarlandschaft Rückzugsgebiete für bedrohte Tier- und Pflanzenarten zu schaffen, wenn z. B. die Anlagenstandorte mit großräumigen Steinriegeln oder Sukzessionsflächen umgeben werden (Eidechsen, Schlangen, aber auch Hasen bzw. Magerrasen oder Ackerwildkräuter)

- WEA bieten jedoch auch aufgrund der finanziellen Möglichkeiten die Chance, Landschaftspflegeverbände auf dem jeweiligen Territorium der Kommune zu gründen, um die Gemeinde bei ihren landschaftspflegerischen Aufgaben im Sinne des Natur- und Artenschutzes zu unterstützen („Lützener Modell")

- WEA sollten als Kompensation, da wo es möglich und sinnvoll ist, Entsiegelungsmaßnahmen durchführen

- WEA können auch die dörfliche Infrastruktur in mancherlei Hinsicht entwickeln; speziell sei hier die Schaffung der Kommunikation zwischen den Dorfbewohnern genannt, hervorgerufen durch die Zusammenkünfte der Interessengemeinschaften. Unter Einsatz der finanziellen Mittel aus dem Kompensationsbedarf sowie der freiwilligen „Aufstockung" durch die materiellen Pachtausschüttungen können auch Begegnungsstätten als feste Installation im dörflichen Bereich initiiert werden. Die einfachste Möglichkeit stellt die Anlage eines erlebnisorientierten Kinderspielplatzes dar oder die Schaffung eines (kleinen) Bürgerparks. In den letztgenannten Fällen müssen Naturschutzbehörde, Gemeinde und Windparkplaner deutlich mehr kommunizieren – und die Flurbereinigungsbehörde „hilft" möglicherweise als „Flächenbeschafferin", auf jeden Fall aber als Moderatorin.

Laurens Bockemühl/Anne Gaertner

UVS und FFH-Verträglichkeitsprüfung im Genehmigungsverfahren unter besonderer Berücksichtigung artenschutzrechtlicher Aspekte

I. Einleitung

Mit dem Bundes-Immissionsschutzgesetz (BImSchG), dessen Funktion der Schutz von Menschen, Tieren und Pflanzen, Boden, Wasser, Atmosphäre sowie Kultur- und sonstiger Sachgüter vor schädlichen Umwelteinwirkungen ist,[1] besteht in Deutschland ein Genehmigungsvorbehalt für die Errichtung und den Betrieb bestimmter Anlagen. Die Vierte Verordnung zur Durchführung des Bundes-Immissionsschutzgesetzes (4. BImSchV)[2] führt näher aus, welche Anlagen diesem Genehmigungsvorbehalt unterliegen. In Anhang 1 der Verordnung wird zudem nach Art und Größe der Anlage definiert, welche Verfahrensart zu wählen ist. In Abhängigkeit von der Anzahl der geplanten Windkraftanlagen wird zwischen dem förmlichen Verfahren unter Beteiligung der Öffentlichkeit sowie dem vereinfachten Verfahren ohne Öffentlichkeitsbeteiligung unterschieden (vgl. Nr. 1.6 des Anhangs 1 der 4. BImSchV).

Je nach Verfahrensart sind dem Genehmigungsantrag verschiedene Gutachten beizufügen, durch die die potenziellen Beeinträchtigungen der Umwelt detailliert analysiert werden. Hierzu gehören im Fall der Planung von Windkraftanlagen beispielsweise Gutachten zur Schallimmissions- und Schattenwurfprognose sowie zum Standsicherheitsnachweis, das Artenschutzgutachten, Gutachten zur Visualisierung der Auswirkungen auf das Landschaftsbild sowie das Eingriffs-Ausgleichs-Gutachten. Daneben kann, teils gutachtenübergreifend, das Verfahren einer Umweltverträglichkeitsprüfung (UVP) erforderlich sein.

Neben den o. g. generell obligatorischen Gutachten können je nach Standort und den damit einhergehenden Umständen im Einzelfall außerdem z. B. Gutachten zur optisch bedrängenden Wirkung der Anlagen auf das Erscheinungsbild von landschaftsprägenden Kulturdenkmalen besonderer Bedeutung nach Landes-Denkmalschutzgesetz (Landes-DSchG)[3] genehmigungsrelevant sein. Hinsichtlich umwelt- und naturschutzfachlicher Unterlagen können auch ein Antrag auf Waldumwandlung sowie Ausnahmeanträge bei einem Eingriff in Schutzgebiete oder geschützte Einzelbiotope erforderlich werden. Den

---

1 § 1 Abs. 1, § 3 Abs. 1 und 2 Bundes-Immissionsschutzgesetz (BImSchG) in der Fassung der Bekanntmachung vom 17. Mai 2013 (BGBl. I S. 1274), zuletzt geändert durch Artikel 1 des Gesetzes vom 20. November 2014 (BGBl. I S. 1740).
2 Verordnung über genehmigungsbedürftige Anlagen vom 2. Mai 2013 (BGBl. I S. 973, 3756), geändert durch Artikel 3 der Verordnung vom 28. April 2015 (BGBl. I S. 670).
3 Landes-DSchG: Landes-Denkmalschutzgesetz.

europäischen Gebietsschutz betreffend bildet die FFH-Verträglichkeitsprüfung (FFH-VP) das Gutachten zur Analyse der Schutzgebietsverträglichkeit.

In diesem Artikel soll auf die Instrumente der Umweltverträglichkeitsstudie (UVS) und der FFH-Verträglichkeitsprüfung im Genehmigungsverfahren bei der Planung von Windkraftanlagen näher eingegangen werden. Zudem wird in einem Exkurs die besondere Problematik des Artenschutzes dargestellt.

II. Die Umweltverträglichkeitsstudie (UVS)

1. Die Pflicht zur Durchführung einer Umweltverträglichkeitsprüfung (UVP)

Die Umweltverträglichkeitsprüfung ist ein Verfahren zur Ermittlung und Bewertung potenzieller Umweltauswirkungen. Bestimmte Vorhaben unterliegen der Pflicht zur Durchführung einer UVP. Die UVP-Pflicht bestimmt sich nach Art, Größe und Leistung des Vorhabens anhand der in Anlage 1 des Gesetzes über die Umweltverträglichkeitsprüfung (UVPG)[4] aufgeführten Kriterien. So ist bei der Planung von 20 und mehr Windkraftanlagen gemäß Spalte 1 in Anlage 1 generell eine UVP durchzuführen. Dies schließt auch die Errichtung und den Betrieb sowie Änderungen und Erweiterungen bis dato nicht UVP-pflichtiger Vorhaben bei Überschreitung der maßgeblichen Größen und Leistungswerte gem. Anlage 1 UVPG ein. Daneben können Errichtung, Betrieb und Änderung mehrerer (ähnlicher) Vorhaben im räumlichen Zusammenhang aufgrund potenzieller kumulativer Wirkungen ebenfalls UVP-pflichtig sein. Die abgeschlossene Genehmigung der im räumlichen Kontext zueinander befindlichen Vorhaben ist bei der Feststellung einer UVP-Pflicht keine Bedingung.

Entsprechend Spalte 1 und 2 der Anlage 1 des UVPG sind Vorhaben generell oder einzelfallabhängig UVP-pflichtig. Im Falle der im Einzelfall zu betrachtenden Vorhaben gem. Spalte 2 der Anlage 1 des UVPG wird die UVP-Pflicht in einem Screening-Verfahren geprüft. Dabei entscheiden Größe und Leistung des Vorhabens über die Art des Screening-Verfahrens. Bei der standortbezogenen Vorprüfung des Einzelfalls, die Vorhaben geringer Größe oder Leistung betrifft, d. h. die Planung von 3 bis weniger als 6 Windkraftanlagen, wird die generelle Möglichkeit erheblicher nachteiliger Umweltauswirkungen anhand der Schutzkriterien gem. Anlage 2 Nr. 2 UVPG unter Berücksichtigung von Vermeidungs- und Verminderungsmaßnahmen überprüft. Bei der allgemeinen Vorprüfung des Einzelfalls, die Planung von 6 bis weniger als 20 Windkraftanlagen betreffend, wird zusätzlich die Überschreitung von Prüfwerten für Größe oder Leistung, meist vor dem Hintergrund potenzieller kumulativer Effekte abgeprüft.

---

[4] Gesetz über die Umweltverträglichkeitsprüfung in der Fassung der Bekanntmachung vom 24. Februar 2010 (BGBl. I S. 94), zuletzt geändert durch Artikel 10 des Gesetzes vom 25. Juli 2013 (BGBl. I S. 2749).

Daneben kann die UVP-Pflicht auch – unabhängig von Art, Leistung und Größe eines Vorhabens – aus der Inanspruchnahme von Waldflächen resultieren,[5] sofern die beanspruchte Fläche 1 ha und mehr beträgt.

Der Feststellung der UVP-Pflicht (ggf. im Rahmen eines Screening) nachgeordnet ist das Scoping, dessen Funktion die Festlegung des Untersuchungsrahmens und die Abstimmung der Untersuchungsinhalte und -methoden der UVP mit den zuständigen Fachbehörden ist.

Auf der Grundlage der Ergebnisse des Scoping ist dann eine Umweltverträglichkeitsstudie (UVS) zu erarbeiten. Der Entwurf der UVS ist in einem Beteiligungsverfahren der Öffentlichkeit sowie den in ihrem Aufgabenbereich betroffenen Behörden zur Stellungnahme vorzulegen. Zum Abschluss des UVP-Verfahrens ist die Art der Berücksichtigung der Ergebnisse der UVS sowie der Stellungnahmen aus der Beteiligung in einer Erklärung zusammen zu fassen.

2. Inhalt der Umweltverträglichkeitsstudie (UVS)

Die Umweltverträglichkeitsstudie umfasst die Beschreibung des Vorhabens, die Erfassung der (schutzgutbezogenen) ökologischen Ausgangssituation sowie die Beschreibung und Bewertung der Auswirkungen des Vorhabens auf die einzelnen Schutzgüter der Umwelt und deren Wechselwirkungen untereinander. In die Auswirkungsprognose einzubeziehen sind mögliche Maßnahmen zur Vermeidung und Minderung von Umweltbeeinträchtigungen sowie die Prüfung und Abwägung möglicher standörtlicher und technischer Alternativen.

In der UVS sind die Wirkungen auf alle Schutzgüter gem. § 2 UVPG, d.h. Menschen, einschließlich der menschlichen Gesundheit, Tiere, Pflanzen und die biologische Vielfalt, Boden, Wasser, Luft, Klima und Landschaft sowie Kulturgüter und sonstige Sachgüter zu prüfen. Die Schutzgüter sind jedoch durch die spezifischen Wirkungen, die durch Anlage, Bau und Betrieb von Windkraftanlagen zu erwarten sind, in sehr unterschiedlichem Maße betroffen. So sind beispielsweise erhebliche Auswirkungen auf Boden und Wasser aufgrund der geringen direkten flächigen Ausdehnung der Windkraftanlagen (Fundamente) sowie der geringen stofflichen Emissionen nur in begrenztem Maße zu erwarten bzw. sind mit vergleichsweise geringem Aufwand zu minimieren.

Schwerpunkt der Betrachtung bilden demgegenüber ohne Zweifel die Auswirkungen auf die Schutzgüter Menschen, Tiere und Landschaft. Insbesondere der spezielle Artenschutz rückt im Falle der Windenergiegenehmigungsplanung in den Fokus (siehe unter IV.).

---

5 Pkt. 17.2 der Anlage 1 UVPG: „Rodung von Wald im Sinne des Bundeswaldgesetzes zum Zwecke der Umwandlung in eine andere Nutzungsart mit [...]"
17.2.1: 10 ha oder mehr Wald
17.2.2: 5 ha bis weniger als 10 ha Wald: allgemeine Vorprüfung des Einzelfalls
17.2.3: 1 ha bis weniger als 5 ha Wald; standortbezogene Vorprüfung des Einzelfalls

3. Die Regionalplanung als Rahmen für die UVP

Sofern bereits durch einen rechtskräftigen Regionalplan Windeignungsgebiete festgelegt werden, ergibt sich für die Prüfung der Umweltauswirkungen ein Rahmen, der für die Erarbeitung der Umweltverträglichkeitsstudie eine Unterstützung darstellen kann. Bereits bei der Festlegung der Eignungsgebiete werden potenzielle Auswirkungen auf die Schutzgüter geprüft. Ziel der Regionalplanung ist es, die Lage der Windeignungsgebiete derart zu optimieren, dass potenziell erhebliche Umweltauswirkungen bei einer Realisierung von Windkraftanlagen in diesen Bereichen soweit als möglich vermieden werden können.

Dies bedeutet für die nachfolgende Ebene der Genehmigungsplanung einen geringeren Prüfaufwand. Dabei kann die Regionalplanung den Prüfaufwand auf der Ebene der Genehmigungsplanung jedoch nicht vollständig ersetzen, da einige Sachverhalte auf der Ebene der Regionalplanung – insbesondere aufgrund des Maßstabs – nicht abschließend bewertet werden können. So müssen im Rahmen der Genehmigungsplanung z. B. die Auswirkungen auf gesetzlich geschützte Biotope geringer Ausdehnung überprüft werden, während ein Eingriff in größere Naturschutzgebiete in der Regel von vornherein ausgeschlossen werden kann.

Die Bestimmung des Untersuchungsumfangs erfolgt im Abgleich mit den im Regionalplan angesetzten Abgrenzungskriterien und fokussiert sich auf die noch nicht im Detail geprüften und auf die Ebene der Genehmigungsplanung „abgeschichteten" Sachverhalte. Aufgrund der Charakteristika faunistischer Daten bilden die artenschutzrechtlichen Belange einen essenziellen Aspekt der auf regionalplanerischer Ebene nur bedingt abschließend abprüfbaren Kriterien (siehe unter IV.).

4. Vermeidung und Minderung von Umweltauswirkungen

Eine wesentliche Aufgabe der Umweltverträglichkeitsprüfung ist es, Maßnahmen zur Vermeidung und Minderung erheblicher Umweltauswirkungen zu erörtern und abzuwägen. Auch auf mögliche Ausgleichsmaßnahmen der ggf. nicht vermeidbaren verbleibenden Beeinträchtigungen wird hingewiesen. Eine konkrete Planung solcher Kompensationsmaßnahmen ist jedoch Aufgabe des Eingriffs-Ausgleichs-Gutachtens bzw. des Landschaftspflegerischen Begleitplans.

Bei der Planung von Windkraftanlagen bilden vor allem die optischen Wirkungen auf die Schutzgüter Mensch und Landschaft eine zentrale Rolle. Als Vermeidungsmaßnahme hinsichtlich des Schutzgutes Mensch wird bereits auf regionalplanerischer Ebene eine möglichst siedlungsferne Errichtung von Windenergieanlagen vorgesehen. Die Veränderung des Landschaftsbildes durch Windkraftanlagen lässt sich jedoch nicht vermeiden. In der Regel beschränken sich die Maßnahmen daher auf eine Konzentration der Anlagen in Landschaftsräumen, die als weniger hochwertig eingeschätzt wurden. Auf der Ebene der Genehmigungsplanung bilden die flächenhafte Konzentration der Anlagen, die Verwendung eines gleichartigen Anlagentyps mit möglichst synchronem Lauf und Befeuerung übliche Minderungsmaßnahmen. Ebenso können Gehölzpflanzungen als Teilsichtschutz oder eine Erhöhung des landschaftlichen Strukturreichtums und eine auf die Umgebung abgestimmte (oder auch kontrastierende) Farbgebung der Anlagen zur Minderung negativer optischer Wirkungen beitragen. Ein standardisierter Maßnahmenkatalog ist zur Erhaltung der Landschaftsästhetik nicht zielführend, da ein und dieselbe Maßnahme nicht in jedem Landschaftsraum eine vergleichbare Wirkung hat. Besonders wirkungsvoll kann nur ein Maßnahmenkonzept sein, das ausgehend von den individuell am Standort vorhandenen Landschaftsstrukturen und -zusammenhängen entwickelt wurde. Aus fachlicher Sicht schließt dies im Idealfall auch die Auswahl eines „passenden" Anlagentyps mit ein.

Bezüglich der Betroffenheit des Schutzgutes Tiere, Pflanzen und Biologische Vielfalt rückt eine umfangreiche Vermeidungs- und Minderungsmaßnahmenkulisse gegenüber dem Ausgleich in den Fokus der Maßnahmenentwicklung. Dies begründet sich vor allem in der Relevanz der artenschutzrechtlichen Konfliktproblematik (Näheres hierzu unter IV.).

III. Die FFH-Verträglichkeitsprüfung (FFH-VP)

1. Inhalt

Für die Genehmigungsfähigkeit einer Windkraftanlagenplanung ist häufig auch die Durchführung einer FFH-Verträglichkeitsprüfung notwendig. Die FFH-VP dient der Prüfung der Vereinbarkeit des Vorhabens mit den Zielen des europäischen Gebietsschutzes und damit insbesondere der Vermeidung erheblicher Beeinträchtigung eines Gebietes des Netzes NATURA 2000. Eine solche Beeinträchtigung äußert sich in der Gefährdung der gebietsspezifischen Erhaltungsziele, die den Erhalt bzw. die Wiederherstellung eines günstigen Erhaltungszustandes der maßgeblichen Bestandteile des Gebietes beinhalten. Die maßgeblichen Bestandteile eines NATURA 2000-Gebietes werden damit im Rahmen der FFH-Verträglichkeitsprüfung zum Prüfgegenstand. Dies sind einerseits „[...] Lebensräume nach Anhang I FFH - RL einschließlich ihrer charakteristischen Arten, [andererseits die] Arten nach Anhang II FFH - RL bzw. Vogelarten nach Anhang I und Art. 4 Abs. 2 Vogelschutz-Richtlinie einschließlich ihrer Habitate bzw. Standorte sowie biotische und abiotische Standortfaktoren, räumlich-funktionale Beziehungen, Strukturen, gebietsspezifische Funktionen oder Besonderheiten, die für die o. g. Lebensräume und Arten von Bedeutung sind."[6] Die Erhaltungsziele eines NATURA 2000-Gebietes sind i. d. R. im Standarddatenbogen bzw. im Managementplan des Gebietes enthalten oder sie sind direkt bei der zuständigen Behörde zu erfragen.

2. Vorprüfung

Analog zum Screening in der UVP kann es auch bezüglich der NATURA 2000-Belange sinnvoll sein, eine Vorprüfung durchzuführen, um die Erforderlichkeit einer Hauptprüfung zu sondieren. Die Vorprüfung gewinnt im Kontext der Windenergie insbesondere

---

6 *Bundesamt für Naturschutz (BfN)*, FFH-Verträglichkeitsprüfung, abrufbar unter: https://www.bfn.de/0306_ffhvp.html.

dadurch an Bedeutung, dass NATURA 2000-Gebiete im Rahmen der Regionalplanung den Status von Tabuzonen zugewiesen bekommen. Dies geschieht vor allem dann, wenn der Schutzzweck bzw. die Erhaltungsziele der Gebiete (z. B. Schutz von Vogel- und Fledermausarten, vgl. unter IV.) nicht mit dem Vorrang der Windenergie vereinbar sind. Folglich sind NATURA 2000-Gebiete in der Genehmigungsplanung kaum durch direkte Flächeninanspruchnahme betroffen. Dagegen rücken räumlich-funktionale Beziehungen zwischen (Teil-)Gebieten, d. h. Wechselbeziehungen des Netzes NATURA 2000, in den Vordergrund. Insbesondere Durchzugskorridore von Fledermäusen und Vögeln (siehe unter IV.) sind hier ausschlaggebend. Zugbewegungen finden bei beiden Artgruppen meist in größeren Höhen statt als die täglichen Bewegungen innerhalb des art- und individuenspezifischen Aktionsraumes (Home Range). Damit erhöht sich das Tötungsrisiko insbesondere zur Zugzeit gegenüber der übrigen Saison.

3. Erheblichkeit

Kerninhalt der FFH-Verträglichkeitsprüfung ist die Abprüfung einer potenziellen Erheblichkeit vorhabenbedingter Beeinträchtigungen. Der Erheblichkeitsbegriff ist dabei gesetzlich nicht definiert, sondern anhand von Umfang, Intensität und Dauer der Beeinträchtigung einzelfallbezogen zu ermitteln. Entsprechend dem Vorsorgegrundsatz gilt die rechtlich relevante Maßgabe der hinreichenden Wahrscheinlichkeit einer erheblichen Beeinträchtigung – und nicht, ob diese nachweislich auch eintritt. Mit *Lambrecht u. a.* (2004), dem Abschlussbericht zum BfN-Forschungs- und Entwicklungs-Vorhaben zur „Ermittlung erheblicher Beeinträchtigungen im Rahmen der FFH-Verträglichkeitsuntersuchung", erschien erstmals ein fachlich fundierter und differenzierter Orientierungsrahmen, der mit *Lambrecht/Trautner* (2007)[7] methodisch weiterentwickelt veröffentlicht wurde. Beide Publikationen wurden und werden bis dato in FFH-Verträglichkeitsprüfungen angewandt und auch von der Rechtsprechung bestätigt[8].

4. Ausnahmeprüfung

Im Falle der Feststellung einer erheblichen Beeinträchtigung von Erhaltungszielen oder Schutzzwecken eines Schutzgebietes ist nach der Prüfung der Ausnahme die Beantragung einer Ausnahmezulassung nach § 34 Abs. 3–5 BNatSchG möglich. Die Gewährung einer Ausnahmezulassung bedingt das Vorhandensein überwiegender Gründe öffentlichen Interesses, die eine Beeinträchtigung der NATURA 2000-Belange rechtfertigt. Daneben dürfen nachweislich keine zumutbaren Alternativen gegeben sein, die „[...] den mit dem Projekt verfolgten Zweck an anderer Stelle ohne oder mit geringeren Beeinträchtigungen [...]"[9] erreichen würden. Zudem müssen Maßnahmen zur Ko-

---

7 *Lambrecht/Trautner,* Fachinformationssystem und Fachkonventionen zur Bestimmung der Erheblichkeit im Rahmen der FFH-VP, 2007.
8 U. a. *BVerwG,* Urt. v. 12.03.2008 – 9 A 3.06, *BVerwGE* 130; *OVG Lüneburg,* Urt. 10.11.2008 – 7 KS 1/05.
9 § 34 Abs. 3 Nr. 2 BNatSchG.

härenzsicherung vorgesehen oder bereits umgesetzt sein, um den Zusammenhang des NATURA 2000-Netzes „[...] in funktionaler, zeitlicher und räumlicher Hinsicht [...]"[10] zu gewährleisten. Im Falle der Planung von Windkraftanlagen wird es in der Regel kaum möglich sein, die genannten Ausnahmevoraussetzungen nachzuweisen. Dies gilt insbesondere im Hinblick auf das Vorhandensein zumutbarer Standortalternativen. Eine Ausnahmebeantragung sollte daher nur als letzte Möglichkeit und nach sorgfältiger umweltfachlicher und juristischer Prüfung der Umstände erwogen werden.

IV. Aspekte des Artenschutzes bei der Planung von Windkraftanlagen

Bei der Prüfung der Umweltverträglichkeit von geplanten Windkraftanlagen stehen die Auswirkungen auf das Schutzgut Tiere im Vordergrund; dies insbesondere aufgrund der potenziellen Gefährdung sogenannter windkraftsensibler Vogelarten und Fledermäuse. Die Berücksichtigung der artenschutzrechtlichen Belange ist somit ein entscheidender Baustein für die Genehmigungsfähigkeit der Anlagen.

Artenschutzrechtlich relevant sind die Verbotstatbestände der Tötung gem. § 44 Abs. 1 Nr. 1 BNatSchG und der Störung gem. § 44 Abs. 1 Nr. 2 BNatSchG. Als windkraftsensible Vogelarten gelten einerseits kollisionsgefährdete (Groß-)Vogelarten wie z.B. Rot- und Schwarzmilan, Wiesen-, Korn-, und Rohrweihe sowie Adlerarten. Andererseits zählen dazu störungsempfindliche und Windkraftanlagen meidende Arten wie Wachtelkönig und Ziegenmelker, Raufußhühner wie Auer-, Birk- und Haselhuhn sowie der Kranich in seinen Nahrungshabitaten.

Windkraftsensible Fledermausarten sind vor allem vom Barotrauma, dem Platzen innerer Organe, insbesondere der Lungenbläschen, durch die Rotorenbewegung und dem damit einhergehenden Druckabfall betroffen. Teilweise spielen bei Fledermäusen auch direkte Kollisionen mit den Rotorblättern eine Rolle. Gemäß der Schlagopferdatei Brandenburg sind die am häufigsten betroffenen Fledermausarten Großer und Kleiner Abendsegler, die Rauhautfledermaus sowie Zwerg- und Zweifarbfledermaus.[11]

Ob für die Tiere ein tatsächlich signifikant erhöhtes Tötungs- bzw. Störungsrisiko besteht, hängt im konkreten Fall von der Habitat- und Raumnutzung der einzelnen Individuen ab. Ein Instrument zur Einschätzung dieses Risikos bilden die sogenannten Tierökologischen Abstandskriterien (TAK), die meist in den länderspezifischen Windenergieerlassen formuliert sind. Sie orientieren sich fachlich bei den Vögeln am „Helgoländer Papier" der Länderarbeitsgemeinschaft der Vogelschutzwarten[12] und erfassen per defi-

---

10 *Bundesamt für Naturschutz (BfN)*, FFH-Verträglichkeitsprüfung, abrufbar unter: https://www.bfn.de/0306_ffhvp.html.
11 *Dürr, Tobias*, Fledermausverluste an Windenergieanlagen in Deutschland, Stand 01.06.2015.
12 *Länderarbeitsgemeinschaft der Vogelschutzwarten*, Abstandsempfehlungen für Windenergieanlagen zu bedeutsamen Vogellebensräumen sowie Brutplätzen ausgewählter Vogelarten, Berichte zum Vogelschutz (Ber. Vogelschutz) 51 (2014), S. 15 – 42, abrufbar unter: http://www.vogelschutzwarten.de/downloads/lagvsw2015_abstand.pdf.

nitionem mehr als 50 % der artspezifischen Flugaktivitäten. Sowohl die Windenergieerlasse als auch die Empfehlungen des Helgoländer Papiers sind nicht rechtlich bindend, ihr Gebrauch entspricht jedoch der „guten fachlichen Praxis". Zudem bestätigt (u. A.)[13] das *Bundesverwaltungsgericht* beispielsweise, „[...] dass aus den ausgewerteten Erkenntnismitteln – naturschutzfachlich vertretbar – abgeleitet werden könne, dass für den Rotmilan von einem signifikant erhöhten Tötungsrisiko durch den Betrieb von Windenergieanlagen grundsätzlich dann ausgegangen werden könne, wenn der Abstand der Windenergieanlage weniger als 1.000 m betrage [...]".[14] Die TAK bieten somit einen fachlich fundierten (und durch die Rechtsprechung bekräftigten) Anhaltspunkt zur gutachterlichen Einschätzung. Dieser kann durch eine individuenbasierte Raumnutzungsanalyse ergänzt und auch konkretisiert werden, wobei die Durchführung entsprechend des jeweiligen Windenergieerlasses länderabhängig obligat ist.

Die Prüfung der speziellen artenschutzrechtlichen Belange stellt vor allem in der Genehmigungsplanung einen Schwerpunkt dar, dennoch findet sie auch auf der Ebene der Regionalplanung Berücksichtigung. Hier erfolgen jedoch keine Erhebungen. Die Bewertung basiert hier auf vorhandenen Daten der Behörden und Vereine. Bei der Ausweisung von Vorrangflächen werden in der Regel Konzentrationsräume von windkraftsensiblen Arten (wie z. B. dem Rotmilan) ausgespart. Da das Artenschutzrecht nach BNatSchG individuenbasiert formuliert und auszulegen ist, sind exakte Festlegungen auf der Ebene der Raumplanung jedoch aufgrund fehlender Kartierungen nicht abschließend möglich. Erschwerend kommt noch hinzu, dass insbesondere faunistische Daten eine zeitlich begrenzte Belastbarkeit besitzen. Hier spielen unterschiedlichste Faktoren eine Rolle, wie z. B. die Eigenschaft einiger Arten, Wechselhorste zu nutzen, aber auch Populationsschwankungen, die sich in Form von Dichte- und Verteilungsveränderungen äußern und beispielsweise aufgrund variierender Biotopausstattung und damit Brutstätten- und Nahrungsverfügbarkeit begründet sein können. Mit der Aussparung von artbezogenen Konzentrationsräumen auf der Ebene der Regionalplanung erfolgt lediglich eine grobe Vorsondierung potenzieller Risiko- bzw. Potenzialflächen. Daher sind die artenschutzrechtlichen Belange „trotz" vorangehender Leistungen der Regionalplanung in der Genehmigungsplanung letztlich vollständig und detailliert zu prüfen.

Aus der Relevanz der artenschutzrechtlichen Problematik ergibt sich weiterhin eine umfangreiche Maßnahmenplanung, deren Fokus vor allem auf Vermeidung und Minderung liegt. Da die windkraftsensiblen Vogelarten mehrheitlich Großvogelarten, im Speziellen zumeist Greifvögel sind, die Windparks aufgrund ihrer Offenlandstruktur als Nahrungshabitate nutzen und auch gezielt aufsuchen, bilden Maßnahmen zur Attraktivitätssenkung der Habitate im Windpark einen essenziellen Bestandteil der möglichen Maßnahmenkulisse. Die Wiesenflächen um die Mastfundamente sollten daher saisonal spät oder gar nicht gemäht werden, alternativ oder ergänzend dazu können auch Gebüschpflanzungen durchgeführt werden. Es bietet sich in diesem Zusammenhang auch an, das Bewirtschaftungsmanagement der umliegenden Flächen derart anzupassen, dass deren Attraktivität als Nahrungshabitat gesteigert wird. Kurzfristig kann dieses Ziel auch durch

---

13 Vgl. auch *VG Hannover*, Urt. v. 22.11.2012 – 12 A 2305/11, NuR 2013, 69, 217.
14 *BVerwG*, Urt. v. 27.06.2013 – 4 C 1.12.

Ablenkfütterungen erreicht werden. Diese Maßnahmen sind mit der Abschaltung der Anlagen für etwa drei Tage nach der windparkinternen Mahd kombinierbar. Zur Vermeidung von Tötungen von Fledermäusen wird häufig ebenfalls mit Abschaltzeiten gearbeitet. Diese richten sich nach den Hauptflugzeiten der Tiere, welche wiederum einerseits saisonal, diurnal wie auch witterungsabhängig sind. Abschaltungen erfolgen beispielsweise „[…] im Zeitraum vom 15. Juli bis 15. September eine Stunde vor Sonnenuntergang bis eine Stunde vor Sonnenaufgang unter folgenden Voraussetzungen, die zusammen vorliegen müssen: a: bei Windgeschwindigkeiten in Gondelhöhe unterhalb von 5,0 m/s, b: bei einer Lufttemperatur ≥ 10°C im Windpark und c: kein Niederschlag."[15] Die Restriktion von Abschaltzeiten wird zur Optimierung dieser meist mit einem betriebsbegleitenden Höhenmonitoring, bei dem Fledermaus-Detektoren an den Gondeln angebracht werden, sowie einer Schlagopfersuche kombiniert. Mit der Auswertung dieser Daten kann die Maßnahmenkulisse an die tatsächlichen Standortverhältnisse angepasst werden.

V. Fazit

Auch im Genehmigungsverfahren für Windkraftanlagen stellen die UVS und die FFH-VP fachlich fundierte und erprobte Instrumente zur Gewährleistung der Umweltverträglichkeit des Vorhabens im Rahmen der geltenden gesetzlichen Normen dar. Aufgrund der spezifischen Charakteristika von Windkraftanlagen tritt neben den vorwiegend optischen Wirkungen auf Menschen und Landschaft in der UVS der Artenschutz in UVS und FFH-VP besonders in den Fokus der Prüfung. Der Artenschutz unterliegt stets der gutachterlichen und behördlichen Einschätzung, sodass die praktische Handhabung der o. g. Prüfinstrumente auch stets einzelfallbezogen erfolgen muss. Zu empfehlen ist daher eine enge Abstimmung mit den zuständigen Fachbehörden bei der Erarbeitung der Gutachten, sowohl bezüglich der relevanten Datengrundlagen als auch der Einschätzung der voraussichtlichen Projektwirkungen. Auch darf die (über-)regionale Betrachtung von Vorhaben- und Summationswirkungen nicht in den Hintergrund rücken. Eine möglichst frühzeitige Einbeziehung des Artenschutzes – vorzugsweise bereits auf regionalplanerischer Ebene – unterstützt eine effektive Berücksichtigung der artenschutzrechtlichen Belange. Auch wenn die Ausweisung eines Vorranggebietes für Windenergie noch keine Genehmigungsgarantie darstellt, wird der Planungsprozess hinsichtlich der (über-)regionalen Betrachtung von Artvorkommen aufgrund der Schwerpunktsetzung auf übergeordneter Ebene für die folgenden Planungen koordiniert und vereinfacht. Dadurch können Verbreitungsschwerpunkte windkraftsensibler Arten in Form von Tabukriterien bewahrt werden und eine zunehmende Zerschneidung dieser Lebensräume verhindert werden.

---

15 *MKULNV NRW,* Leitfaden „Wirksamkeit von Artenschutzmaßnahmen" für die Berücksichtigung artenschutzrechtlich erforderlicher Maßnahmen in Nordrhein-Westfalen, 05.02.2013, abrufbar unter: http://www.naturschutzinformationen-nrw.de/artenschutz/web/babel/media/20130205_nrw_leitfaden_massnahmen.pdf.

Literaturverzeichnis

Baerwald, Erin F./Genevieve H. D'Amours/Brandon J. Klug/Robert M. R. Barclay, Barotrauma is a significant cause of bat fatalities at wind turbines, Current Biology, 2008, 18 (16), R695-R696

Beachtung naturschutzfachlicher Belange bei der Ausweisung von Windeignungsgebieten und bei der Genehmigung von Windenergieanlagen, Erlass des Ministeriums für Umwelt, Gesundheit und Verbraucherschutz des Landes Brandenburg, vom 01.01.2011, abrufbar unter: http://www.mlul.brandenburg.de/cms/media.php/lbm1.a.3310.de/erl_windkraft.pdf

Bundesamt für Naturschutz (BfN), FFH Verträglichkeitsprüfung, abrufbar unter: https://www.bfn.de/0306_ffhvp.html

Bundesministerium für Verkehr, Bau und Wohnungswesen (Hrsg.), Leitfaden zur FFH-Verträglichkeitsprüfung im Bundesfernstraßenbau (Leitfaden FFH-VP), 2004, abrufbar unter: http://www.bund.net/fileadmin/bundnet/pdfs/naturschutz/20090605_naturschutz_vertraeglichkeitspruefung_leitfaden.pdf

Dürr, Tobias, Fledermausverluste an Windenergieanlagen in Deutschland. Daten aus der zentralen Fundkartei der Staatlichen Vogelschutzwarte im Landesamt für Umwelt, Gesundheit und Verbraucherschutz Brandenburg. Stand 01.06.2015, abrufbar unter: http://www.lugv.brandenburg.de/cms/detail.php/bb1.c.312579.de

Dürr, Tobias, Vogelverluste an Windenergieanlagen in Deutschland. Daten aus der zentralen Fundkartei der Staatlichen Vogelschutzwarte im Landesamt für Umwelt, Gesundheit und Verbraucherschutz Brandenburg. Stand 01. Juni 2015, abrufbar unter: http://www.lugv.brandenburg.de/cms/detail.php/bb1.c.312579.de

Erlass des Ministeriums für Ländliche Entwicklung, Umwelt und Verbraucherschutz zum Vollzug des § 42 Abs. 1 Nr. 1 BNatSchG mit Übersicht „Angabe zum Schutz der Fortpflanzungs- und Ruhestätten der in Brandenburg heimischen Vogelarten", Potsdam 2007

Erlaß des Ministeriums für Umwelt, Naturschutz und Raumordnung zur landesplanerischen und naturschutzrechtlichen Beurteilung von Windkraftanlagen im Land Brandenburg (Windkrafterlaß des MUNR) vom 24. Mai 1996, ABl. S. 654, geändert am 08. Mai 2002, ABl. S. 559 – Berichtigung der Bekanntmachung, ABl. S. 617, abrufbar unter: http://gl.berlin-brandenburg.de/imperia/md/content/bb-gl/regionalplanung/windkrafterlass.pdf; http://gl.berlin-brandenburg.de/imperia/md/content/bb-gl/regionalplanung/windkrafterlass_aenderung.pdf:http://bravors.brandenburg.de/br2/sixcms/media.php/76/Amtsblatt%2026_02.pdf

Lambrecht, Heiner/Jürgen Trautner, Fachinformationssystem und Fachkonventionen zur Bestimmung der Erheblichkeit im Rahmen der FFH-VP. Endbericht zum Teil Fachkonventionen, im Auftrag des Bundesamtes für Naturschutz, Hannover/Filderstadt, Schlussstand Juni 2007, abrufbar unter: http://www.bfn.de/fileadmin/MDB/images/themen/eingriffsregelung/BfN-FuE_FFH-FKV_Bericht_und_Anhang_Juni_2007.pdf

Lambrecht, Heiner/Jürgen Trautner/Giselher Kaule, Ermittlung und Bewertung von erheblichen Beeinträchtigungen in der FFH-Verträglichkeitsprüfung. Ergebnisse aus Forschungs- und Entwicklungsvorhaben des Bundes – Teil 1: Grundlagen, Erhaltungsziele und Wirkungsprognosen, Naturschutz und Landschaftsplanung (NuL), 36 (11), 2004, S. 325–333

Länderarbeitsgemeinschaft der Vogelschutzwarten (LAG VSW), Abstandsempfehlungen für Windenergieanlagen zu bedeutsamen Vogellebensräumen sowie Brutplätzen ausgewählter Vogelarten, Berichte zum Vogelschutz (Ber. Vogelschutz) 51 (2014), S. 15–42, abrufbar unter: http://www.vogelschutzwarten.de/downloads/lagvsw2015_abstand.pdf

MKULNV NRW, Leitfaden „Wirksamkeit von Artenschutzmaßnahmen" für die Berücksichtigung artenschutzrechtlich erforderlicher Maßnahmen in Nordrhein-Westfalen. Forschungsprojekt des MKULNV Nordrhein-Westfalen; Auftragnehmer: FÖA Landschaftsplanung GmbH (Trier), Schlussbericht, 05.02.2013, abrufbar unter: http://www.naturschutzinformationen-nrw.de/artenschutz/web/babel/media/20130205_nrw_leitfaden_massnahmen.pdf

National Wind Coordinating Colloborative, Wind Turbine Interactions with Birds, Bats, and their Habitats. A Summary of Research Results and Priority Questions, 2010, abrufbar unter: https://www.nationalwind.org/research/publications/birds-and-bats-fact-sheet/

Niedersächsischer Landkreistag (NLT), Hinweise zur Festlegung und Verwendung der Ersatzzahlung nach dem Bundesnaturschutzgesetz sowie dem Niedersächsischen Ausführungsgesetz zum Bundesnaturschutzgesetz, Hannover, Stand: Januar 2011, abrufbar unter: http://www.nlt.de/pics/medien/1_1296462256/NLT-Hinweise_zur_Ersatzzahlung_nach_dem_Bundesnaturschutzgesetz_-_Stand_Januar_2011.PDF

Niedersächsischer Landkreistag (NLT), (Hrsg.), Naturschutz und Windenergie. Hinweise zur Berücksichtigung des Naturschutzes und der Landschaftspflege sowie zur Durchführung der Umweltprüfung und Umweltverträglichkeitsprüfung bei Standortplanung und Zulassung von Windenergieanlagen. Arbeitshilfe, 4. Auflage, Hannover, Stand: Oktober 2011, abrufbar unter: http://www.nlt.de/pics/medien/1_1320062111/Arbeitshilfe.pdf

Niedersächsischer Landkreistag (NLT), (Hrsg.), Naturschutz und Windenergie. Hinweise zur Berücksichtigung des Naturschutzes und der Landschaftspflege sowie zur Durchführung der Umweltprüfung und Umweltverträglichkeitsprüfung bei Standortplanung und Zulassung von Windenergieanlagen. Arbeitshilfe, 5. Auflage, Hannover, Stand: Oktober 2014, abrufbar unter: http://www.nlt.de/pics/medien/1_1414133175/2014_10_01_Arbeitshilfe_Naturschutz_und_Windenergie__5__Auflage__Stand_Oktober_2014_Arbeitshilfe.pdf

Planung und Genehmigung von Windenergieanlagen an Land in Niedersachsen und Hinweise für die Zielsetzung und Anwendung (Windenergieerlass), Gem. RdErl. d. MU, ML, MS, MW und MI, – MU-Ref52-29211/1/300 – (Entwurfsstand 29.04.2015), Stand: 05.05.2015, abrufbar unter: http://www.umwelt.niedersachsen.de/windenergieerlass/windenergieerlass-133444.html

Günter Ratzbor

Raumnutzungsanalyse – Ausweg aus dem Dilemma „signifikant erhöhtes Tötungsrisiko"?

I. Einleitung

„Die Amtschefkonferenz stellt fest, dass die Planungs- und Vorhabenträger durch Raumnutzungsanalysen jeweils nachweisen können, dass sich WEA tatsächlich nicht negativ auf die jeweils vorkommenden Vogelarten auswirken."
    Mit dieser Einschätzung hat die 55. Amtschefkonferenz (ACK) am 20. und 21. Mai 2015[1] nicht nur eine langjährige Diskussion über die „Abstandsempfehlungen für Windenergieanlagen zu bedeutsamen Vogellebensräumen sowie Brutplätzen ausgewählter Vogelarten" der Länderarbeitsgemeinschaft der Vogelschutzwarten (LAG VSW)[2] beendet, sondern auch der Raumnutzungsanalyse eine herausragende Bedeutung zur Konfliktbewältigung beigemessen. Vielfältige wissenschaftliche Studien lägen vor. Es sei zu berücksichtigen, dass die jeweiligen Nutzungskonflikte in den Regionen unterschiedlich sein können. Einheitliche Empfehlungen seien nicht möglich. Die im Ländervergleich zunächst unterschiedlich erscheinenden Positionen fänden dadurch ihre fachliche Rechtfertigung. Nimmt man diesen Beschluss, den sich auch die Umweltministerkonferenz (UMK) zu eigen gemacht hat, wörtlich, wird der Ansatz der Länderarbeitsgemeinschaft der Vogelschutzwarten, in Bezug auf ausgewählte Vogelarten bundeseinheitlich pauschal Abstände zu empfehlen, verworfen.
    Neben der Raumnutzungsanalyse als Nachweismittel wird von der Amtschefkonferenz auf Möglichkeiten zur Vermeidung erheblicher Beeinträchtigungen durch gezielte Maßnahmen (bspw. Flächennutzung) verwiesen und Wert auf deren Anwendung gelegt.
    Damit scheint ein Weg als Alternative zu Planungs- oder Genehmigungsrestriktionen durch pauschale Abstände aufgezeigt zu sein. Doch wie sieht es in der Praxis aus?

---

1 *Amtschefkonferenz (ACK)*, Ergebnisprotokoll der 55. ACK-Sitzung vom 21.05.2015 im Kloster Banz, TOP 12.
2 Siehe: *Länderarbeitsgemeinschaft der Vogelschutzwarten (LAG VSW)*, Abstandsempfehlungen für Windenergieanlagen zu bedeutsamen Vogellebensräumen sowie Brutplätzen ausgewählter Vogelarten, veröffentlicht in: Berichte zum Vogelschutz (Ber. Vogelschutz) 51 (2014), S. 15–42.

II. Anwendung pauschaler Abstände als Mittel zur Planung und Genehmigung von Windenergieanlagen

In der Rechtsprechung wurden bzw. werden möglicherweise noch immer pauschale Abstände als Kriterium für die Zulassungsentscheidung von Windenergieanlagen herangezogen. Dies war gängige Praxis bis etwa 2011. Seither wurden mehrere Erlasse bzw. Richtlinien oder Hinweise von Bundesländern veröffentlicht, denen eine intensive Erörterung voranging. Keine dieser Veröffentlichungen trifft die Aussage, dass die artenschutzrechtlichen Zugriffsverbote bereits dann erfüllt seien, wenn bestimmte Abstände unterschritten würden. Begriffe wie „Tabu-" und „Ausschlussbereiche" werden in den Vorgaben der Bundesländer nicht verwendet. Vielmehr werden dort Regelvermutungen zur Sachverhaltsaufklärung formuliert. Benannte „Abstände" definieren vor allem das räumliche Untersuchungserfordernis.[3]

Das bedeutet nicht, dass Landesbehörden die Begriffe „Tabu-" und „Ausschlussbereich" in Stellungnahmen und Bescheiden – zumindest vereinzelt – nicht doch noch verwenden. Dies mag einerseits der behördlichen Routine geschuldet sein. Bis Ende 2010 haben die „Tierökologischen Abstandskriterien" Brandenburg (TAK) noch „Tabubereiche" benannt und wurden bis dahin auch in anderen Bundesländern angewendet. Andererseits empfiehlt die Länderarbeitsgemeinschaft Vogelschutzwarten Mindestabstände und Prüfbereiche als „… das grundsätzlich gebotene Minimum zum Erhalt der biologischen Vielfalt". Daraus könnten durchaus „Ausschlussbereiche" abgeleitet werden. Da aber der Schutz der biologischen Vielfalt ein – wenn auch zentrales – Ziel des Bundesnaturschutzgesetzes, nicht aber eine fachgesetzliche Zulassungsvoraussetzung ist, wird ersichtlich, warum die Empfehlung keine Einzelfallprüfung ersetzt.

III. Grundlagen der Einzelfallprüfung

Aufgabe der Umweltplanung ist es, aus dem erfassten Zustand von Natur und Landschaft unter Berücksichtigung der Empfindlichkeit des festgestellten Inventars (dies können abiotische Faktoren und Wirkungsgefüge, die Leistungen und Funktionen des Naturhaushaltes sowie auch Pflanzen und Tiere sein) und den möglichen Wirkungen des zu beurteilenden Vorhabens die voraussichtlichen, erheblich nachteiligen Umweltauswirkungen zu ermitteln und zu beschreiben, um sie so einer rechtlichen Bewertung zugänglich zu machen. Die Erfassung des Zustandes von Natur und Landschaft sowie die Ermittlung voraussichtlicher, erheblicher Umweltauswirkungen orientiert sich dabei an den fachgesetzlichen Zulassungsvoraussetzungen und fußt auf konkreten Kriterien und Maßstäben, die aus Fachgesetzen, Regelwerken, fachlichen Konventionen usw. durch Interpretation abgeleitet werden. Die spezifischen Verfahren sind z. B. im Handbuch Me-

---

3 Siehe dazu u. a. die Erlasse bzw. Leitfäden der Länder Bayern, Brandenburg, Hessen, Niedersachsen Nordrhein-Westfalen (s. Literaturverzeichnis).

thoden und Standards der Umweltplanung[4] zusammenfassend dargestellt. Insofern orientiert sich die Vorgehensweise zwar an den rechtlichen Rahmenbedingungen, ist aber erst einmal auf die reine Sachverhaltsermittlung bezogen. Dieses Vorgehen entspricht der guten fachlichen Praxis, wird aber in Bezug auf Windenergieanlagen regelmäßig nicht angewendet.

Bei der Zulassung von Windenergieanlagen kommt generell dem Artenschutz nach § 44 BNatSchG und fallweise dem Habitatschutz nach § 34 BNatSchG eine besondere Bedeutung zu. Arten- und Habitatschutz werden oft in einem engen Zusammenhang gesehen (siehe dazu beispielsweise „Leitfaden zur Umsetzung des Arten- und Habitatschutzes bei der Planung und Genehmigung von Windenergieanlagen"[5]. Andere naturschutzfachliche Zulassungsvoraussetzungen sind dagegen weitgehend bedeutungslos.

Folglich verengt sich die Zulassungsfrage oftmals auf die Prüfung, ob Tiere bestimmter, als windkraftrelevant erachteter Arten durch den Bau und Betrieb von WEA betroffen sein könnten. Um diese Frage beantworten zu können, muss bekannt sein, welche Arten im Wirkraum des Vorhabens mit welcher Intensität auftreten (können). Dazu werden regelmäßig Fledermaus- und Brutvogelerfassungen, bedarfsabhängig auch Zug- bzw. Rastvogelerfassungen durchgeführt. Die Ergebnisse solch „klassischer" Methoden der Zustandserfassung sind statisch. Sie bilden die Intensität, mit der ein Raum genutzt wird, nicht oder nur unvollständig ab. Die Raumnutzungs- oder Aktionsraumanalyse differenziert das Bild.

IV. Die Raumnutzungsanalyse als Element der Einzelfallprüfung

Die Raumnutzungsanalyse ist die Dokumentation der zeitlichen und räumlichen Verteilung von Aktivitätsmustern von Tieren bestimmter Arten. Sie ist grundsätzlich auf bestimmte, einzelne Arten beschränkt. Der erfassbare Raum wird durch die Wahrnehmbarkeit der jeweiligen Zielarten, der Struktur der jeweiligen Landschaft, insbesondere der Sichtverschattung, sowie den Erfassungsaufwand bestimmt.

Auch wenn Fledermäuse sowie Zug- und Rastvögel im Rahmen von Raumnutzungsanalysen erfasst werden, liegt der Schwerpunkt der Anwendung bei den Brutvögeln bzw. bei Vögeln der Sommerlebensräume.

---

4 *Fürst/Scholles* (Hrsg.), Handbuch Theorien und Methoden der Raum- und Umweltplanung, 3. Aufl., 2008.
5 *Ministerium für Klimaschutz, Umwelt, Landwirtschaft, Natur- und Verbraucherschutz des Landes Nordrhein-Westfalen (MKULNV)/Landesamt für Natur, Umwelt und Verbraucherschutz des Landes Nordrhein-Westfalen (LANUV)*, Leitfaden „Umsetzung des Arten- und Habitatschutzes bei der Planung und Genehmigung von Windenergieanlagen in Nordrhein-Westfalen" (Fassung: 12. November 2013).

1. Entwicklung der Raumnutzungsanalyse

Eine nur auf dem Bestand von Vögeln beruhende Prognose voraussichtlicher Auswirkungen von WEA hat sich grundsätzlich als schwierig erwiesen. In Brandenburg wurde zwar mit dem „Windkrafterlass" (24.05.1996) und den „Tierökologischen Abstandskriterien" (TAK) (01.06.2003) erstmalig in Deutschland ein Regelwerk geschaffen, mit dem eine Bewertung artenschutzrechtlicher Zugriffsverbote nur auf Grundlage des Brut- und Rastvogelbestandes möglich sein sollte. Eine einzelfallbezogene Prognose der voraussichtlichen Auswirkungen konnte somit unterbleiben, da die Erfüllung artenschutzrechtlicher Verbotstatbestände, zumindest vorsorglich, bei der Erfüllung bestimmter Rahmenbedingungen (artspezifische Abstände) unterstellt wurde. Damit sollte sich für die anwendenden Behörden eine Vereinfachung sowie Vereinheitlichung der Entscheidung und damit eine größere Verfahrenssicherheit ergeben. Aus diesem Grund wurde das Regelwerk auch in anderen Bundesländern angewendet.

Die Anwendung ergab aber sowohl im Rahmen der Regionalplanung als auch bei der Anlagengenehmigung zunehmend Konflikte. Örtliche Erfassungen dokumentierten vermehrt, dass der in der TAK beschriebene, artspezifische Tabubereich von bekannten Horsten aus nicht radial gleichmäßig genutzt wurde und der Gefahrenbereich eines Vorhabens möglicherweise nicht überflogen wurde.

Grundlage dieser Nachweise waren im Rahmen der Brutvogelerfassung durchgeführte, differenziertere Betrachtungen des von den jeweiligen Brutvögeln genutzte Lebensraums. Anfangs wurden neben den jeweiligen Horsten auch die sich aus den nicht einzeln dokumentierten Flugbeobachtungen ergebenden „Reviere" zeichnerisch abgegrenzt (siehe dazu Abbildung 1). Je strittiger die Auseinandersetzungen waren, desto präziser wurden auch einzelne Flugbewegungen dokumentiert.

Raumnutzungsanalyse – Ausweg aus dem Dilemma „signifikant erhöhtes Tötungsrisiko"? 117

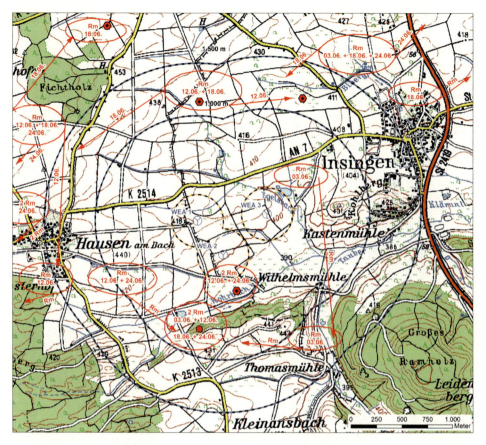

Abbildung 1: Vereinfachte Raumnutzungserfassung mit Bereichen kreisender und gerichteter Flüge, Nahrungssuche am Boden und Horsten des Rotmilans.

So wurde beispielsweise für ein Projekt im Südwesten von Niedersachsen im Jahre 2009 an neun Terminen im Rahmen der Brutvogelerfassung auch das Flugverhalten von Rotmilanen aufgezeichnet. Ergebnisse dieser Erfassung sind in Abbildung 2 dargestellt. Die untere Naturschutzbehörde der Genehmigungsbehörde, beraten durch die Fachbehörde für Naturschutz, vertrat die Auffassung, die Erfassungen seien insgesamt zu selten, nicht in der gesamten Anwesenheitsperiode von März bis September und jeweils zu kurz durchgeführt worden. Rotmilane würden tatsächlich vom Brutplatz aus direkt über die Ackerflächen auf einem Höhenrücken, auf denen die Errichtung der strittigen WEA geplant war, zu einem Wiesental fliegen, auch wenn die aufgezeichneten Flugbewegungen etwas anderes zeigen würden. Des Weiteren brüte ein Schwarzstorch innerhalb des Taburadius von 3.000 m, der bei der Kartierung nicht erfasst worden sei und der ebenfalls durch den geplanten Windpark Nahrungshabitate aufsuche. Das anzunehmende Durchqueren des Windparks würde die Tiere einer besonderen Gefahr aussetzen. Dem folgte das *VG Hannover* in seinem Urteil nicht[6]. Das von der Behörde angenommene Flugverhalten sei nicht belegt, die vorliegenden Gutachten böten für diese Annahme keine tragfähigen Anhaltspunkte. Das vorliegende Gutachten zeige vielmehr intensive Flugaktivitäten an anderer Stelle. Die innerhalb des Windparks liegenden Nahrungshabitate seien nicht in besonderer Weise attraktiv und stünden nur kurzzeitig bzw. zeitweise zur Verfügung. Der Nahbereich der Anlagenstandorte sei lediglich einmalig randlich überflogen worden. Andere Gutachten aus dem Bereich würden diese Beobachtungen grundsätzlich bestätigen. Mehr als vereinzelte Durchflüge durch den Bereich der Anlagenstandorte, die sich naturgemäß nie ausschließen ließen, seien vertretbarerweise nicht zu erwarten. Die Annahme, von Windenergieanlagen gehe eine signifikant erhöhte Kollisionsgefahr für den Schwarzstorch aus, erschiene nach dem Stand der Wissenschaft insgesamt nicht mehr vertretbar.

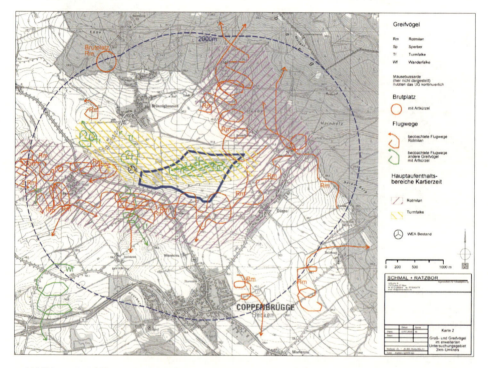

Abbildung 2: Differenziertere Raumnutzungserfassung mit Hauptaufenthaltsbereichen, Flugbewegungen und Brutplätzen relevanter Greifvögel.

Zu diesem Zeitpunkt gab es bereits wesentlich differenziertere Anforderungen an die Raumnutzungskartierung. Im Windenergie-Erlass von Bayern[7] wurden mit Stand vom 20.12.2011 Hinweise zum Umgang mit Vogelarten sowie zur Abschichtung und zum

---

6   *VG Hannover*, Urt. v. 22.11.2012 – 12 A 230511.
7   *Hinweise zur Planung und Genehmigung von Windkraftanlagen (WKA),* Gemeinsame Bekanntmachung der Bayerischen Staatsministerien des Innern, für Wissenschaft, Forschung

Raumnutzungsanalyse – Ausweg aus dem Dilemma „signifikant erhöhtes Tötungsrisiko"?

Untersuchungsumfang gegeben. Wenn begründete Anhaltspunkte für das Vorkommen schlag- oder störungssensibler Arten vorlägen, seien weitergehende Kartierungen vor Ort erforderlich. Die Untersuchungen sollten die avifaunistisch bedeutsamen Abschnitte des Jahres umfassen (Balz, Brut, Nahrungssuche, Rast- und Zugverhalten) und die Funktionen des Standortes innerhalb der Vorkommen der relevanten Vogelarten ermitteln (z. B. Nahrungsgebiet, Korridor, Schlaf-/Sammelplatz). Sie seien mit dem Ziel durchzuführen, die Aufenthaltswahrscheinlichkeit im Bereich der Anlage abschätzen zu können. In Abbildung 3 sind als Ergebnis einer systematischen Raumnutzungskartierung ein Teil der festgestellten Flugbewegungen des Rotmilans dargestellt. In der Summe betrachtet war das Vorhaben genehmigungsfähig.

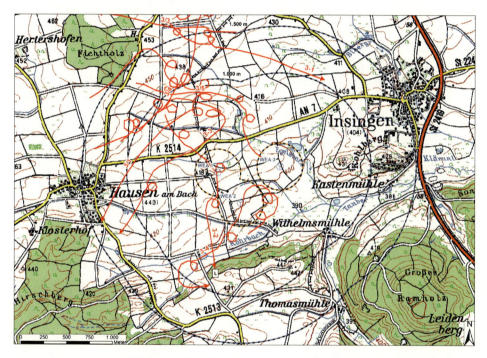

Abbildung 3: Detaillierte Raumnutzungskartierung.

Andere Bundesländer (Liste) haben diese Regelungen später inhaltsgleich oder weitgehend identisch übernommen. Weitere Länder (Schleswig-Holstein, Niedersachsen) haben deutlich weitergehende Anforderungen.

und Kunst, der Finanzen, für Wirtschaft, Infrastruktur, Verkehr und Technologie, für Umwelt und Gesundheit sowie für Ernährung, Landwirtschaft und Forsten vom 20. Dezember 2011.

2. Anwendungsbereiche der Raumnutzungsanalyse

Ursprünglich ist die Erfassung und Analyse von Bewegungen einzelner Individuen im Raum ein wissenschaftlicher Ansatz, Größe, Struktur und Beschaffenheit der Lebensräume bestimmter Arten zu untersuchen. Die Anwendung beschränkt sich nicht auf Vögel. Untersucht wurden viele Land bzw. Wasser bewohnende Arten aus unterschiedlichen Gruppen. Betrachtet wurde und wird nicht nur die kleinräumige Bewegung im Reproduktionshabitat. Vor allem bei großräumigen Wanderungen zwischen temporär genutzten Lebensräumen konnten wertvolle Informationen gewonnen werden. Die Informationssammlung erfolgt im Wesentlichen über drei Ansätze. Die älteste ist die Sichtbeobachtung mit Ablesung bestimmter Markierungen. Diese werden als Ringe oder Marken an einzelnen Tieren angebracht, um eine Individualisierung zu ermöglichen. Durch die räumliche und zeitliche Zuordnung ist die Entwicklung von Bewegungsprofilen für Individuen und in deren Summe für eine Population möglich. Mit zunehmend besserer Technik wurden Sender an Tieren angebracht, die eine individualisierte Ortung ermöglichten. Solche Sender sind mittlerweile in der Lage, in hoher Dichte und großer Genauigkeit Positionen zu ermitteln und an eine Zentrale weiterzuleiten. Damit sind sowohl großräumige als auch kleinräumige Bewegungen einzelner Tiere exakt abzubilden. Beispielhaft ist in Abbildung 4 nur die flächige Auswertung der Punktinformationen dargestellt, die über Peilungen ermittelt wurden. Arthur, der in 430 m Entfernung zur nächsten WEA erfolgreich brütete[8], mied zwar den südlichen Teil des angrenzenden Windparks, hielt sich aber überwiegend im und am südlichen Rand des nördlichen Teils auf. In der Abbildung 5 sind neben den unterschiedlich intensiv genutzten Aktionsräumen auch die über GPS-Sender erfolgten Einzelortungen eines territorialen weiblichen Altvogels, der erfolgreich brütete, sowie bestehende WEA dargestellt. Von den 4.803 erfassten Positionen lagen 38 näher als 150 m zu WEA. Die mittlere Distanz betrug 89 m[9].

Bei Vögeln und Fledermäusen, die in größeren Trupps auftreten, können über die Telemetrie nur einzelne Tiere erfasst werden. Erfassungen über Radargeräte ermöglichen, in einem begrenzten Raum von etwa 4,4 km mal 3 km zeitgleich alle Flugbewegungen als zweidimensionale, hochgenaue Abbildung darzustellen. Eine unmittelbare Artbestimmung ist dabei nicht möglich und muss über die Auswertung von Radarsignaturen für bestimmte Arten bzw. durch parallel verlaufende Sichtbeobachtungen einzelfallbezogen durchgeführt werden. Abbildung 6 zeigt beispielhaft das Ergebnis einer zweijährigen Radaruntersuchung von Rastvögeln bei Emden[10]. Andere Radartechniken ermöglichen eine deutlich weitergehende Arterfassung, zeichnen dann aber nicht mehr die Gesamtheit der Flugbewegungen auf.

---

8 *Mammen* u. a., in: Hötker u. a., Greifvögel und Windkraftanlagen: Problemanalyse und Lösungsvorschläge, 2013, S. 32.
9 *Krone* u. a., in: Hötker u. a., Greifvögel und Windkraftanlagen, 2013, S. 199.
10 *Ratzbor* u. a., Grundlagenarbeit für eine Informationskampagne „Umwelt und naturverträgliche Windenergienutzung in Deutschland (onshore)", 2012.

Raumnutzungsanalyse – Ausweg aus dem Dilemma „signifikant erhöhtes Tötungsrisiko"? 121

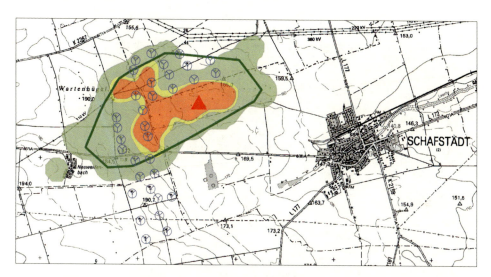

Abbildung 4: Raumnutzung des Rotmilans „Arthur" mit Horststandort (rotes Dreieck) nahe eines Windparks.[11]

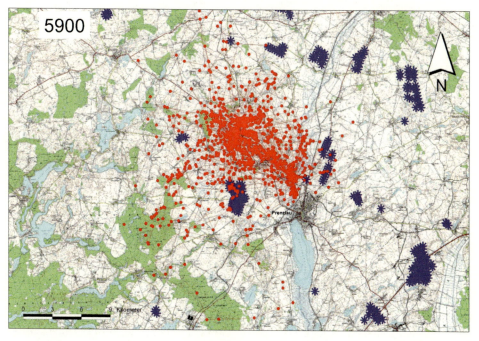

Abbildung 5: Raumnutzung Seeadler, Horst nicht erkennbar nördlich von Prenzlau.[12]

---

11 *Mammen* u.a., Teilprojekt „Rotmilane und Windkraftanlagen – Aktuelle Ergebnisse zur Konfliktminimierung", 2010, F. 16.
12 *Krone* u.a., Greifvögel und Windkraftanlagen, 2010, F. 15.

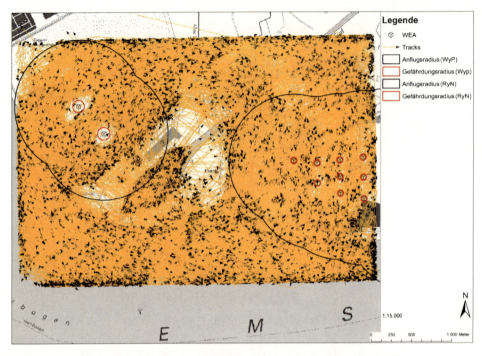

Abbildung 6: Flugbewegungen von Gastvögeln im Raum Emden.[13]

Diese Ansätze dienen in der Regel der wissenschaftlichen Grundlagenforschung. Insbesondere der klassische Ansatz der Sichtbeobachtung wird zunehmend im Rahmen der Anlagengenehmigung, vereinzelt auch der Regional- oder Flächennutzungsplanung herangezogen, um standortbezogen Einzelfragen zu klären. Dabei ist eine Individualisierung der Beobachtungsobjekte grundsätzlich nicht möglich. In den letzten Jahren hat sich eine Praxis entwickelt, die mit recht hohem Aufwand Abbildungen der tatsächlichen Aktivitätsmuster ermöglicht. Dabei ist aber die Verlässlichkeit der Höhen- und Positionsbestimmung durch Sichtbeobachtungen begrenzt. Nachts und in der Dämmerung sowie bei hohen Aktivitäten vieler Tiere gleicher oder unterschiedlicher Arten sind die Grenzen des Erfassbaren zudem schnell erreicht. Alternativen bietet die GPS-Telemetrie, die allerdings erst einmal wegen des Fangens und Besenderns einen artenschutzrechtlichen Verbotstatbestand erfüllt (§ 44 Abs. 1 Nr. 1 BNatSchG). Zudem werden die besenderten Tiere zu oft durch die Sender verletzt oder in ihrer Vitalität herabgesetzt, sodass sie häufiger Opfer natürlicher Gefahren werden. So kehrten beispielsweise drei von fünf im Jahre 2007 besenderte Rotmilane – und damit überproportional viele – nicht mehr in den Sommerlebensraum zurück.[14] Bei besonderen Fragestellungen können unterschiedliche Methoden der Radarerfassungen angewendet werden. Diese ermöglichen eine hohe

---

13 *Ratzbor* u. a., Grundlagenarbeit für eine Informationskampagne „Umwelt und naturverträgliche Windenergienutzung in Deutschland (onshore)", 2012, S. 293.
14 *Mammen* u. a., in: Hötker u. a., Greifvögel und Windkraftanlagen, 2013, S. 19.

Aufzeichnungsdichte auch unter ungünstigen Bedingungen und eine sehr differenzierte Auswertung der erfassten Daten, sind aber extrem aufwändig. Insofern wird das Regelverfahren weiterhin die Sichtbeobachtung bleiben. In diesem Rahmen wird Messtechnik zur exakten Positionsbestimmung zunehmend eingesetzt und erhöht damit die Darstellungsgenauigkeit wesentlich.

3. Umfang der Raumnutzungsanalyse

Bei der Prüfung der Verbotstatbestände sind bestimmte Abstände von Brutvorkommen zu WEA sowie innerhalb bestimmter Radien das Vorkommen regelmäßig aufgesuchter Nahrungshabitate der betreffenden Art zu berücksichtigen. Die Erfassung der Flugbewegungen kollisionsgefährdeter Vogelarten konzentriert sich üblicherweise auf den Prüfbereich im Horstumfeld und erfolgt von Fixpunkten aus. Zu erfassen sind:

- die genaue Dauer von Flugbewegungen im Umkreis der Anlagen,
- der Anteil der Flugdauer in Rotorhöhe,
- die relative Raumnutzung im Gebiet.

Die Zahl der Fixpunkte ist abhängig von der Topografie, Waldbedeckung, Ausdehnung und Anordnung des Windparks. Bei guter Einsehbarkeit des Geländes und kleinen Windparks sollten wenigstens zwei Fixpunkte gewählt werden. Die Untersuchung soll den Zeitraum Mitte März bis Ende August (Balz bis Bettelflugperiode) und alle Großvögel umfassen. Pro Beobachtungspunkt sind 18 Beobachtungstage zu je 3 Stunden, also insgesamt 54 Stunden vorzusehen (im Mittel drei Beobachtungstage je Monat, die je nach Aktivitätsphase der Vögel gruppiert oder verteilt werden: z.B. Balz 2x3 Std., Horstbau 3x3 Std., Brut und frühe Aufzucht 3x3 Std., späte Aufzucht 5x3 Std., Bettelflugperiode 5x3 Std.). Daraus ergeben sich mindestens 108 Beobachtungsstunden. Einzelne Bundesländer, z.B. Brandenburg, fordern für besondere Vogelarten wie Schwarzstorch, See- und Fischadler mindestens 120 Beobachtungsstunden, für den Schreiadler sogar mindestens 480 Beobachtungsstunden.[15] Ähnlich weitgehende Vorgaben finden sich im Entwurf des Artenschutzleitfadens Niedersachsen (Fassung 12.02.2015). Dort summieren sich die Anforderungen auf 252 Beobachtungsstunden (Rotmilan) bis 1.260 Beobachtungsstunden (Seeadler). Bei ausbleibendem Bruterfolg der erfassten Brutpaare ist die Kartierung im nächsten Jahr zu wiederholen.[16] Als Ergebnis erhält man Karten mit den Flugbewegungen der verschiedenen Arten je Höhenstufe, differenziert nach Art der Bewegung (Balz-/Territorialflüge, Kreisen/Streckenflug/Nahrungssuchflug usw., so gut sie unterschieden werden können). Außerdem erhält man die Zeitanteile der Raumnutzung.

---

15 *Ministerium für Umwelt, Gesundheit und Verbraucherschutz des Landes Brandenburg*, Beachtung naturschutzfachlicher Belange bei der Ausweisung von Windeignungsgebieten und bei der Genehmigung von Windenergieanlagen, Erlass vom 01. Januar 2011, Anlage 2, Stand Aug. 2013, S. 2.
16 *Niedersächsisches Ministerium für Umwelt, Energie und Klimaschutz (Hrsg.)*, Leitfaden Umsetzung des Artenschutzes bei der Planung und Genehmigung von Windenergieanlagen in Niedersachsen (Fassung: 12. Februar 2015), S. 24 und 25.

Abweichend davon können in Rheinland-Pfalz und dem Saarland sowie in Hessen die 18, jeweils 3-stündigen Beobachtungstermine an 15 Beobachtungstagen durchgeführt werden.

Der Leitfaden zur Umsetzung des Arten- und Habitatschutzes bei der Planung und Genehmigung von Windenergieanlagen in Nordrhein-Westfalen sieht 8 bis 10 Erfassungstage mit zwei Beobachtern von zwei Fixpunkten über 3–5 Stunden, also zwischen 48 und 100 Stunden vor.

4. Bewertungsgrundlagen

Eine reine Beschreibung der Raumnutzung ist als einzige Bewertungsgrundlage unzulänglich. Für eine sach- und fachgerechte Bewertung muss einem Kriterium ein Maßstab zugeordnet werden. Dabei hat sich die Maßstabsbildung an den fachgesetzlichen, hier insbesondere den artenschutzrechtlichen Zulassungsvoraussetzungen zu orientieren.

Hinweise auf geeignete Kriterien und Maßstäbe gibt es beispielsweise im Windenergie-Erlass Bayern.[17] In Kapitel 9.4 „Spezielle artenschutzrechtliche Prüfung" beschreibt er, dass bei Überschreitung der [...] genannten Abstände „... zu prüfen ist, ob regelmäßig aufgesuchte Nahrungshabitate der betreffenden Arten vorhanden sind."[18] Allein aus der Unterschreitung des Abstandes zu einer geplanten WKA kann kein signifikant erhöhtes Tötungsrisiko abgeleitet werden. [...] Dazu muss plausibel dargelegt werden, ob es in diesem Bereich der geplanten Anlage zu höheren Aufenthaltswahrscheinlichkeiten kommt oder der Nahbereich der Anlage, z. B. bei Nahrungsflügen, signifikant häufiger überflogen wird. Ergibt die Untersuchung der Aufenthaltswahrscheinlichkeit [...] nicht, dass die WKA gemieden oder selten überflogen wird, ist in diesem Bereich von einem erheblichen Tötungsrisiko auszugehen."[19]

Aus den Ausführungen des Windenergie-Erlasses leitet sich als Kriterium die „Aufenthaltswahrscheinlichkeit" von Individuen relevanter Arten im Bereich der geplanten Anlagen ab. Die „Aufenthaltswahrscheinlichkeit" ist die in die Zukunft gerichtete Aussage (Prognose) zur Häufigkeit des Aufenthaltes in einer bestimmten Zeitspanne. Diese lässt sich aus den erfolgten Beobachtungen der Raumnutzung im Bereich der geplanten WEA unter Berücksichtigung eines möglichen artspezifischen Meideverhaltens herleiten.

Als Bewertungsmaßstäbe für das Überschreiten der Relevanz- oder Signifikanzschwelle benennt der Windkraft-Erlass eine „höhere" Aufenthaltswahrscheinlichkeit im Bereich der geplanten Anlagen oder ein „signifikant häufigeres Überfliegen" des Nahbereichs der Anlage sowie den „nicht nur seltenen Überflug" von WKA oder die „Nichtmeidung" von WKA.

---

17 *Hinweise zur Planung und Genehmigung von Windkraftanlagen (WKA),* Gemeinsame Bekanntmachung der Bayerischen Staatsministerien des Innern, für Wissenschaft, Forschung und Kunst, der Finanzen, für Wirtschaft, Infrastruktur, Verkehr und Technologie, für Umwelt und Gesundheit sowie für Ernährung, Landwirtschaft und Forsten vom 20. Dezember 2011.
18 A.a.O., S. 42.
19 A.a.O., S. 41.

Diese Maßstäbe wirken auf den ersten Blick widersprüchlich, sind es aber nicht, da sie für unterschiedliche Bezugsebenen benannt sind. Während sich die „höhere Aufenthaltswahrscheinlichkeit" bzw. das „signifikant häufigere Überfliegen" auf den Nah- bzw. Wirkbereich der WEA bezieht, sind die „nicht nur seltenen Überflüge" bzw. die „Nichtmeidung" direkt auf die WEA bezogen. Andere Bundesländer haben ähnlich unklare und unpräzise Hinweise.

Solche Maßstabsbildungen sind für die einzelfallbezogene Anwendung nicht hinreichend operationalisiert, da die Kriterienausprägung weder mittelbar noch unmittelbar zu erfassen ist. Die Maßstäbe sind unbestimmte Begriffe, die es insbesondere in Hinsicht auf den Raumbezug und die Häufigkeit von Überflugereignissen noch zu konkretisieren gilt.

Erklärungsversuche, wie sie im Bayerischen Windenergie-Erlass entwickelt und von anderen Bundesländern übernommen wurden, zeigen die Problematik und Fehleranfälligkeit solcher Betrachtungen. Wie der Abbildung (7) des bayerischen Windenergie-Erlass zu entnehmen ist, werden die artspezifischen Radien nicht um das jeweilige Brutvorkommen, sondern um das zu beurteilende Vorhaben gezogen worden. Damit liegen die beispielhaft dargestellten, regelmäßig genutzten Nahrungshabitate als eine räumlich gut abgrenzbare, kleinere Teilmenge innerhalb der Prüfkulisse außerhalb des auf das Brutvorkommen bezogenen Betrachtungsraumes. Diese Habitate und die Flugräume dahin wären nach den schriftlichen Ausführungen des Erlasses unbeachtlich, werden in der Grafik aber als entscheidungserheblich dargestellt.

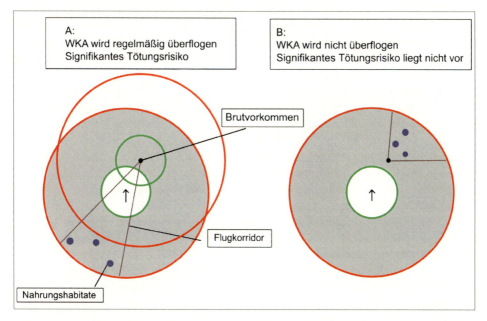

Abbildung 7: Beispiel für Prüfbereiche zur Veranschaulichung der Anwendung des Erlasses.[20]

---

20 A.a.O., S. 43f.

V. Methodische Grenzen

Es wundert also nicht, wenn solche Maßstäbe entweder nicht verwendet werden und nach wie vor durch konkrete Abstände zwischen festgestelltem Horst und geplantem Standort ersetzt werden oder, wie in Bayern von Bezirksregierungen praktiziert, mit komplizierten Berechnungsformeln noch weiter differenziert werden. Doch drängt sich die Frage auf, ob solche Ansätze dem Sachverhalt Rechnung tragen und die Situation hinreichend genau abbilden können?

1. Repräsentanz und Übertragbarkeit der erfassten Informationen auf ein geplantes Vorhaben

Raumnutzungsanalysen sind, wie andere Bestandsaufnahmen auch, immer nur eine Momentaufnahme. Mehrere, teils sehr unterschiedliche Größen bestimmen die Variation und Variabilität. Menge und räumliche Verfügbarkeit des Nahrung ändern sich innerhalb einer Brutperiode sowie von Jahr zu Jahr. Innerartliche und zwischenartliche Konkurrenz können zur Nutzung suboptimaler oder zur verstärkten Nutzung optimaler Räume führen. Langfristige Bestandstrends beeinflussen die sonstigen Ausgangssituationen. Alle Faktoren beeinflussen sich gegenseitig und möglicherweise sogar die abiotischen Ausgangsbedingungen. Die erfasste Situation wird also nur bedingt auch zukünftig zutreffen.

Da die Informationen durch Beobachtungen gesammelt werden, ergeben sich bei der zeitlichen und räumlichen Zuordnung von Beobachtungen erhebliche Fehlermöglichkeiten. Die Genauigkeit der zeitlichen Zuordnung ist durch standardisierte Abläufe und Übung zu optimieren. Die Entfernungs- und Höheneinschätzung ist aber oftmals durch den Kartierer nicht zu überprüfen. In bestehenden Windparks gibt es durch die Anlagen deutlich erkennbare, unterschiedliche Höhenmarken, die im Raum oftmals regelmäßig, zumindest nachvollziehbar angeordnet sind. In Planungsräumen ohne WEA fehlen solche Landmarken. Insbesondere bei ungeübten Kartierern und Einzelfallbeschreibungen Interessierter sind teilweise gravierende Fehleinschätzungen möglich. Moderne Geräte ermöglichen mittlerweile genaue Entfernungsmessungen von Referenzpunkten der Flüge. Wird mit der Entfernung zum Objekt auch der Höhenwinkel bestimmt, ist die horizontale Entfernung und die Flughöhe über dem Beobachtungspunkt zu berechnen und kartografisch genau darzustellen. Höhenangaben leiden oftmals unabhängig von der Genauigkeit der Ermittlung an einer fehlenden Bezugshöhe. Im Flachland mag dies keine Auswirkungen haben. In den Mittelgebirgen weichen die eingeschätzten Flughöhen über Grund, über Beobachtungspunkt oder über Anlagenstandort mitunter erheblich voneinander ab. Entscheidungserheblich ist aber nur die Dauer von Flügen im Gefahrenbereich von WEA, also in Bezug auf die Anlagenhöhe.

Problematischer ist aber vor allem, dass i. d. R. die Raumnutzung vor Errichtung von Windenergieanlagen erfasst wird. Die Annahme, dass sich – solange die zu beurteilenden Arten kein Meideverhalten gegenüber WEA haben – durch die Verwirklichung des Vorhabens nichts ändern wird, ist zu kurz gegriffen.

Einerseits kann aus der Beobachtung mehr oder weniger seltener oder häufiger Überflüge nicht auf eine abstrakte Möglichkeit von Kollisionen an sich gefolgert werden. Die artenschutzrechtlichen Zugriffsverbote zielen auf eine vollendete Tat. Die Anwendung des besonderen Artenschutzrechts als Zulassungshemmnis verlangt das ansonsten voraussichtlich zukünftige Eintreten verbotener Handlungen. Es muss also Erkenntnis darüber erlangt werden, dass das Ereignis als unausweichliche Folge eines ansonsten rechtmäßigen Handelns (siehe dazu *BVerwG*) mit einer bestimmten Wahrscheinlichkeit eintreten wird. Die alleinige Behauptung eines Ereigniseintritts dürfte nicht ausreichend sein.

Andererseits gibt es keine auswertbaren Fälle, bei denen es tatsächlich zu einer Erfüllung der artenschutzrechtlichen Verbotstatbestände „Tötung" oder „Störung" (nach § 44 Abs. 1 Nr 1 und 2) gekommen ist. Solche bekannt gewordenen Rechtsverstöße würden es ermöglichen, die Rahmenbedingungen, unter denen sie begangen wurden, näher zu analysieren und einer Auswirkungsprognose bzw. einer Maßstabsbildung zugrunde zu legen. Doch genau daran mangelt es. Weder die Auswertung von Fachliteratur noch die Befragung von Ordnungsbehörden (hier vor allem untere Naturschutzbehörden) oder Staatsanwaltschaften haben ergeben, dass Verfahren nach § 69 und 71 BNatschG eingeleitet worden sein könnten.

Zudem zeigen gerade die wenigen auswertbaren Raumnutzungsanalysen oder ähnlich gelagerte Studien an bestehenden Windparks eben nicht, dass es bei Unterschreitung bestimmter Mindestabstände oder bestimmten Aktivitätsintensitäten regelmäßig oder auch nur sporadisch zu Kollisionen gekommen wäre. Dies spräche im wissenschaftlichen Sinne gegen eine Aufrechterhaltung der These erhöhter Kollisionen unter bestimmten Voraussetzungen.

Als planerisches Instrument, aus erfassten Flugbewegungen auf eine Kollisionswahrscheinlichkeit oder Kollisionshäufigkeit zu schließen, bietet einzig eine Modellierung nach *Band*[21] Anhaltspunkte. Dieses Modell berechnet im Wesentlichen anhand der Größe und Drehzahl von Rotoren sowie der Fluggeschwindigkeit der jeweiligen Arten und der Häufigkeit von Flügen im Gefahrenbereich des jeweiligen Rotors die mögliche Häufigkeit von Kollisionen. Das Berechnungsverfahren ist sehr differenziert und komplex, die Ergebnisse werden aber maßgeblich von artspezifischen Korrekturfaktoren, die insbesondere das arttypische Ausweichverhalten beschreiben, bestimmt. Dabei wird nachvollziehbar zugrunde gelegt, dass auch Tiere einer Art, die WEA nicht meiden, unmittelbar an WEA ausweichen, wenn sie sich gefährdet fühlen (avoidance). Da es Kollisionsopfer gibt, wirkt dieses Ausweichverhalten nicht vollständig und nicht immer sicher. Der Korrekturfaktor liegt aber deutlich über 95%.[22] Für einzelne Vogelarten wurden Werte von 92,7% bis 96,3% (Seeadler der Insel Smola), 97,5% (Wiesenweihe) bzw. 99% (Wiesen- und Kornweihe) ermittelt.[23] Andere Autoren verwenden Korrekturfaktoren von 97,5% (Wiesenweihe), 98% (Rotmilan) und 95% (Seeadler).[24] Es ist unklar, wie dieses Ausweichverhalten tatsächlich ermittelt wurde und was der Faktor tatsächlich beschreibt. Trotz dieser gravierenden Mängel ist das Modell die beste Erkenntnisquelle, da es unmittelbar den Verbotstatbestand betrachtet, sich auf eine klare Kausalkette zur Kollision bezieht und weitgehend frei ist von möglicherweise unbewussten, subjektiv beeinflussten Einschätzungen bzw. Annahmen.

Bei Raumnutzungskartierungen in bestehenden Windparks oder durch zufällige Beobachtungen werden Flüge im Gefahrenbereich der Rotoren nur extrem selten erfasst, wäh-

---

21 *Band* u.a., in: De Lucas u.a., Birds and Windfarms, 2007.
22 A.a.O., S. 273.
23 *Rasran* u.a., in Hötker u.a., Greifvögel und Windkraftanlagen, 2013, S. 285.
24 *Rasran* u.a., Modellrechnungen zur Risikoabschätzung, 2010, F. 20.

rend Überflüge geplanter Standorte des öfteren dokumentiert oder zumindest beschrieben sind. Dagegen sind Flüge in bzw. durch Windparks für unterschiedliche Vogelarten dokumentiert, ohne dass dort Konfliktsituationen oder Kollisionen beobachtet wurden.

Insgesamt lassen sich aus den auswertbaren Dokumentationen unmittelbar keine Gefährdung und keine Rahmenbedingungen für Gefährdungen ableiten. Dennoch gibt es mehrere mittelbar begründete Schlussfolgerungen, welche die besondere Gefährdung von Tieren bestimmter Arten begründen sollen. Als Indikator einer Gefährdung wird insbesondere angesehen, dass Rotmilane im Rahmen von Telemetriestudien[25] häufiger innerhalb eines 1.000 m- bzw. 1.500 m-Abstandes zu ihrem jeweiligen Horst erfasst wurden als in größerer Entfernung. Dass diese Studien auch übereinstimmend nachgewiesen haben, dass die Größe der genutzten Räume von Tier zu Tier extrem unterschiedlich war und die Horste teils peripher, teils zentral innerhalb der genutzten Flächen lagen, bleibt bei solchen Betrachtungen ebenso unberücksichtigt wie die Abweichungen in den beiden genannten Studien (z. B. Größe des durch ein Individuum genutzten Raums im Vergleich aufeinanderfolgender Jahre, Veränderungen während der Brutperiode).

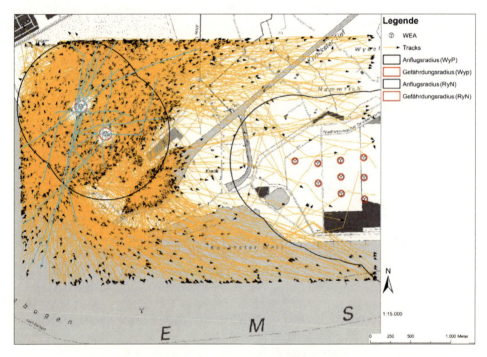

Abbildung 8: Flugbewegungen von Gastvögeln im Raum Emden, die sich bis auf mindestens 800 m einer E-126 nähern.[26]

---

25 *Mammen* u. a., in: Hötker u. a., Greifvögel und Windkraftanlagen, 2013; *Pfeiffer/Meyburg*, J. Ornithol. 156 (4) 2015, 963–975.
26 A. a. O., S. 293–298.

Andere bedeutende Aspekte bleiben ebenfalls unberücksichtigt. Im Rahmen der erstgenannten Studie wurden insgesamt 10 Rotmilanpaare teilweise über mehrere Jahre beobachtet. Insgesamt konnten 15 Revierjahre berücksichtigt werden, wobei es nur in einem Revier in einem Jahr nicht zu einer Brut kam. In dieser Zeit haben sich zwar einige gefährlich erscheinende Situationen ergeben (2,46 % der Beobachtungssequenzen),[27] aber es konnten keine Kollisionen festgestellt werden. Die Entfernung von sieben der 14 erfolgreich bebrüteten Horste zu den nächstgelegenen Windenergieanlagen lag zwischen 260 m und 820 m. Weitere sieben Horste hatten eine Entfernung zwischen 1.070 m und 3.090 m zu Anlagen. Bezogen auf einen Radius von 1.500 m lagen bei den zusammen 14 erfolgreichen Bruten die Abstände zwischen Horst und WEA zehnmal darunter (maximal 1.430 m) und viermal darüber (minimal 1.510 m). Die Überschneidung von genutztem Raum und Windparkfläche korreliert mit der Entfernung des Horstes zu WEA signifikant. Einmalig wurden 50 % aller Flugbewegungen eines Monats im Gefahrenbereich von WEA beobachtet.[28]

Ähnliche Tendenzen zeigen sich beim Seeadler. Bei der Telemetrie eines Tieres ergab sich aus 4.803 GPS-Positionen, dass sich im genutzten Raum vier Windparks mit 93 Anlagen befanden. Im intensiver genutzten Teilbereich (95% Fixed Kernel Home Range) befanden sich noch 42 Anlagen. Der Altvogel hielt sich an zehn von insgesamt 121 Sendetagen im Gefahrenbereich einer WEA auf.[29] Eine Kollision wurden nicht festgestellt. Zudem verdichten sich die Hinweise, dass Kollisionen weitgehend unabhängig von Nistplätzen ganz überwiegend Nichtbrüter betreffen und nur in Einzelfällen zu einer verzögerten Ansiedlung führen.

Genauere Abbildungen der Raumnutzung, die nicht nur einzelne Punktangaben berücksichtigen, sondern komplexe Flüge insgesamt trecken (in 2,3-Sekunden-Intervallen) können über eine Radarerfassung erfolgen. Dabei zeigt es sich, dass die Summe aller Flugbewegungen keine Meidung, jedoch ein an dem Betriebszustand von WEA orientiertes, differenziertes Ausweichverhalten zeigt. In Abbildung 8 wurden, im Gegensatz zu Abbildung 6, die 4.074 Einflüge in einen 800 m-Umkreis um zwei Anlagen des Typs Enercon E-126 in ihrer vollen Länge dargestellt. Nur 16 Einzelflüge oder 0,39 % aller Flüge in den 800 m-Umkreis erreichten den Gefahrenbereich der untersuchten WEA. Da diese Radarabbildung keine Höhen erfasst, könnten diese Flüge auch über bzw. unter dem Gefahrenbereich oder bei stillstehender Anlage erfolgt sein. Bezogen auf alle 17.929 erfassten Flüge im Untersuchungsgebiet beträgt die Quote 0,089 %. Die im Beispiel erfassten Flugbewegungen von Zugvögeln der norddeutschen Küste lassen nicht erkennen, dass sich durch die Ausweichbewegungen die Flugstrecke und -dauer erkennbar verlängern würde oder WEA eine Barriere zwischen unterschiedlichen Habitaten einer Art verursachen könnten.[30] Im dargestellten Projekt wurden bei insgesamt geschätzten 1,8 Millionen Flugbewegungen in zwei Frühjahres-Zugperioden insgesamt vier Kollisionsopfer gefunden.

---

27 *Mammen* u. a., in: Hötker u. a., Greifvögel und Windkraftanlagen, 2013, S. 48.
28 A. a. O., S. 64.
29 *Krone* u. a., in Hötker u. a., Greifvögel und Windkraftanlagen, 2013, S. 199 ff.
30 *Ratzbor* u. a., Grundlagenarbeit für eine Informationskampagne „Umwelt und naturverträgliche Windenergienutzung in Deutschland (onshore)", S. 291–360.

Ein Nachweis, dass es bei Annäherung an WEA oder bei Unterschreitung bestimmter Abstände häufiger zu Kollisionen käme, konnte durch die genannten Studien eben nicht erbracht werden. Im Sinne wissenschaftlicher Arbeit wäre eine entsprechende Eingangsthese damit zu verwerfen. In der praktischen Anwendung im Antragsverfahren wird die Wahrnehmung von Erkenntnissen auf Konflikt beschreibende Aussagen reduziert. Damit lassen sich keine sachgerechten Maßstäbe herleiten.

VI. Konsequenzen für die praktische Anwendung

Raumnutzungsanalysen sind sehr aufwändig. Je nach Bundesland müssen mindestens 54 bis 480 Arbeitsstunden nur für die Erfassung aufgewendet werden. Die Ergebnisse systematisch erhobener Raumnutzungen bilden im Wesentlichen die aktuelle Situation gut ab. Einzelne Durchflüge und Thermikkreisen sind auf Grund ihres geringen Anteils an allen Flugbewegungen für eine Gefahrenabschätzung von untergeordneter Bedeutung.[31] Dies dürfte auch auf Balzflüge zutreffen, die ebenfalls einen nur geringen Anteil haben. Die wichtigste Phase ist die Zeit, in der Jungvögel gefüttert werden. Einerseits sind Tiere, zumindest Rotmilane, vor allem beim Nahrungserwerb gefährdet. Zum anderen erfordert das Füttern der Jungen eine weitaus höhere Aktivität als andere Lebensphasen. Des Weiteren sind die dann angeflogenen Nahrungshabitate für eine Reproduktion von größerer Bedeutung als solche, die in anderen Zeiträumen erkundet werden.

Insofern sind problemorientierte und zulassungserhebliche Aussagen auch mit einem geringeren als dem vorgegebenen Aufwand möglich (siehe dazu auch *VG Hannover*[32]).

Des Weiteren sind die erfassten Momentaufnahmen nur eingeschränkt geeignet, die tatsächliche Bedeutung eines Raumes zu bestimmen. Systemzugehörige Veränderungen über Zeit und Raum schließen eine sachgerechte Bewertung auf Grundlage von scheingenauen Berechnungssystemen und 10m-genauen Messungen aus. Zielführend ist vielmehr eine erfahrungsgestützte Einschätzung der Leistungsfähigkeit des Naturhaushaltes bzw. des Lebensraums der zu betrachtenden Art. Die Ergebnisse sind zwar deutlich unschärfer, erlauben aber eine zukunftsorientierte Betrachtung und bilden die Raumzusammenhänge erheblich besser ab.

Bei der Einschätzung der Raumfunktionen sind neben den standortbezogenen Beobachtungen gleichrangig Erkenntnisse aus wissenschaftlichen Studien heranzuziehen. Insbesondere Standardwerke zum Verhalten von Tieren einer Art sowie einzelne Telemetrie- und Radaruntersuchungen erlauben eine sachgerechte Interpretation des Beobachteten. So beschreibt z.B. *Norgall*[33] bereits 1995 grundsätzliche Verhaltensmuster des Rotmilans, die im Einzelfall immer wieder auftreten und daher eigentlich keiner gesonderten Erfassung bedürfen. Auch wenn Veröffentlichungen und Untersuchungen methodische Schwächen haben, sind sie zutreffender als besorgnisgetragene Annahmen und Bedenken. Diese können keinesfalls methodisch erhobene Sachverhalte ersetzen.

---

31 Siehe *Mammen* u.a., in: Hötker u.a., Greifvögel und Windkraftanlagen, 2013, S. 58.
32 *VG Hannover,* Urt. v. 22.11.2012 – 12 A 230511.
33 *Norgall,* Vögel und Umwelt 8, 1995, 147–164.

Systematische Erfassungen sind nicht oder nur sehr eingeschränkt über Einzelbeobachtungen zu beurteilen, obwohl dies in Genehmigungsverfahren regelmäßig geschieht. Die Raumnutzungskartierung beschreibt ein übliches, mitunter regelmäßiges Verhaltensmuster, von dem es immer wieder Abweichungen geben kann. Einzelbeobachtungen, insbesondere von Bedenkenträgern, beziehen sich meist auf Erscheinungen, die – wenn sie denn überhaupt zutreffend erfasst wurden – eine Möglichkeit der Gefährdung belegen sollen. Eine Gefährdung ergibt sich jedoch nicht aus möglichen Einzelereignissen. Vielmehr ist das überwiegend bzw. meist zu erfassende Verhalten ausschlaggebend. Hinweise Dritter können das Bild abrunden, sind aber für sich oder gar im Widerspruch zu systematisch erfassten Ergebnissen keine besorgnistragenden Informationen.

Eine über die Einschätzung der Lebensraumfunktion hinausgehende Bewertung von erfassten Raumnutzungen ist nicht möglich. Zwar lassen sich sicher Rückschlüsse aus „seltenen Überflügen" und „geringer Aufenthaltswahrscheinlichkeit" auf eine „nicht signifikante Steigerung des Kollisionsrisikos" ziehen (solange signifikant als erheblich verstanden wird). Dagegen gibt es keine objektivierbaren und unmittelbar wirksamen Kriterien und Maßstäbe, über die eine „Gefährdung" festzustellen wäre. Selbst wenn 50 % aller Aktivitäten eines brütenden Rotmilans in einem Windpark stattfinden, kommt es nicht unausweichlich zu einer Kollision. Horste mit wenigen 100 m Entfernung zu WEA wurden in den letzten Jahren neu begründet oder werden seit mehreren Jahren regelmäßig und erfolgreich genutzt. Eine aktivitätsabhängige Gefährdung lässt sich nur über mittelbare Rückschlüsse unter Zugrundelegung unbestätigter, teils widerlegter Annahmen herleiten.

Die Aufenthaltswahrscheinlichkeit im Wirkbereich eines Windparks ist eben nicht gleich einer bestimmten Kollisionszahl. Es gibt, trotz entsprechender Forschungsvorhaben, nicht einmal belegbare Hinweise darauf, dass mit steigender Nutzungsintensität von Gefahrenbereichen die Wahrscheinlichkeit oder Häufigkeit von Kollisionen steigt. Subjektiv geprägte Einschätzungen, dass es schon nach dem gesunden Menschenverstand solche Zusammenhänge geben müsse, können in Anbetracht der gegenwärtigen Kenntnislage nicht mehr mit einem weitgehend fehlinterpretierten Vorsorgegrundsatz gerechtfertigt werden.

Im Rahmen der Anlagenzulassung führen Raumnutzungsanalysen oftmals zu Verzögerungen, da sie einerseits regelmäßig über fünf bis sieben Monate durchgeführt werden müssen, obwohl die Ergebnisse von nur zwei Monaten eine problemorientierte Zulassungsentscheidung ermöglichen würden. Zum anderen ermöglichen sie eine formale Abprüfung (Untersuchungsdauer, Anzahl Untersuchungstage, Verteilung der Untersuchungstage über die Beobachtungsdauer, Eignung der Wetterlage am jeweiligen Untersuchungstag, Anzahl der Untersuchungspunkte usw.) und damit eine Verzögerung der Vollständigkeitserklärung für die Antragsunterlagen, ohne dass die sachliche Angemessenheit der Unterlage betrachtet wird.

So sinnvoll der neue Ansatz einer Raumnutzungsanalyse erst einmal scheinen mag, im Detail ergeben sich jedoch vielfältige Probleme. Unter Berücksichtigung der genannten Einschränkungen ist die Raumnutzungsanalyse zwar eine geeignete „moderne Methode" zur Erfassung von Teilen des Zustandes von Natur und Landschaft. Die Ergebnisse sind aber für eine an den fachgesetzlichen Zulassungsvoraussetzungen orientierte Bewertung nicht oder nur eingeschränkt nutzbar. Möglicherweise erleichtert sie dennoch die Verfahrensabläufe, nur weil sie durchgeführt wird, und ersetzt vielleicht sogar die ausschließlich auf Abstandskriterien beruhende Zulassungsentscheidung. Eine objektivierte, sachgerechte Konfliktermittlung, auf die eine angemessene Konfliktbewältigung aufbauen kann, ist so immer noch nicht möglich. Auch wenn sich die Methoden ändern, das grundsätzliche Dilemma bleibt.

Literaturverzeichnis

Amtschefkonferenz (ACK), Ergebnisprotokoll der 55. ACK-Sitzung vom 21.05.2015 im Kloster Banz, abrufbar unter: https://www.umweltministerkonferenz.de/documents/Ergebnisprotokoll_55-_ACK_Banz.pdf

Band, W./M. Madders/D. P. Whitfield, Developing Field and Analytical Methods to Assess Avian Collision Risk at Wind Farms, in: M. De Lucas/G. Janss/M. Ferrer (eds.), Birds and Wind Farms. Risk Assessment and Mitigation, Quercus Editions, Madrid 2007, pp. 259–275

Erlass für die Planung und Genehmigung von Windenergieanlagen und Hinweise für die Zielsetzung und Anwendung (Windenergie-Erlass), Gem. RdErl. d. Ministeriums für Klimaschutz, Umwelt, Landwirtschaft, Natur- und Verbraucherschutz (Az. VIII2 – Winderlass) u. d. Ministeriums für Wirtschaft, Energie, Bauen, Wohnen und Verkehr (Az. X A 1 – 901.3/202) u. d. Staatskanzlei (Az. III B 4 – 30.55.03.01) v. 11.7.2011 (MBl. NRW. 2011 S. 321), abrufbar unter: https://recht.nrw.de/lmi/owa/br_bes_text?anw_nr=1&gld_nr=2&ugl_nr=2310&bes_id=18344&menu=1&sg=0&aufgehoben=N&keyword=windenergie

Fürst, Dietrich/Frank Scholles (Hrsg.), Handbuch Theorien und Methoden der Raum- und Umweltplanung, 3. Auflage, Dortmund 2008

Hessisches Ministerium für Umwelt, Energie, Landwirtschaft und Verbraucherschutz/ Hessisches Ministerium für Wirtschaft, Verkehr und Landesentwicklung, Leitfaden Berücksichtigung der Naturschutzbelange bei der Planung und Genehmigung von Windkraftanlagen (WKA) in Hessen, Wiesbaden, 29. November 2012, abrufbar unter: http://www.energieland.hessen.de/mm/WKA-Leitfaden.pdf

Hinweise zur Planung und Genehmigung von Windkraftanlagen (WKA), Gemeinsame Bekanntmachung der Bayerischen Staatsministerien des Innern, für Wissenschaft, Forschung und Kunst, der Finanzen, für Wirtschaft, Infrastruktur, Verkehr und Technologie, für Umwelt und Gesundheit sowie für Ernährung, Landwirtschaft und Forsten Vom 20. Dezember 2011, abrufbar unter: https://www.verkuendung-bayern.de/files/allmbl/2012/01/anhang/2129.1-UG-448-A001_PDFA.pdf

Hötker, Hermann/Oliver Krone/Georg Nehls, Greifvögel und Windkraftanlagen: Problemanalyse und Lösungsvorschläge. Verbundprojekt. Schlussbericht für das Bundesministerium für Umwelt, Naturschutz und Reaktorsicherheit. Michael-Otto-Institut im NABU, Leibniz-Institut für Zoo- und Wildtierforschung, BioConsult SH, Bergenhusen/Berlin/ Husum, Juni 2013, abrufbar unter: https://bergenhusen.nabu.de/imperia/md/nabu/images/nabu/einrichtungen/bergenhusen/projekte/bmugreif/endbericht_greifvogelprojekt.pdf

Krone, Oliver/Mirjam Gippert/Thomas Grünkorn/Gabriele Treu, Greifvögel und Windkraftanlagen. Problemanalyse und Lösungsvorschläge, Teilprojekt Seeadler. Präsentation, 2010, abrufbar unter: http://bergenhusen.nabu.de/forschung/greifvoegel/berichtevortraege/

Krone, Oliver/Gabriele Treu/Thomas Grünkorn, Satellitentelemetrie von Seeadlern in Mecklenburg-Vorpommern und Brandenburg, in: Hermann Hötker/Oliver Krone/Georg Nehls, Greifvögel und Windkraftanlagen: Problemanalyse und Lösungsvorschläge. Verbundprojekt. Schlussbericht für das Bundesministerium für Umwelt, Naturschutz und Reaktorsicherheit. Michael-Otto-Institut im NABU, Leibniz-Institut für Zoo- und Wildtierforschung, BioConsult SH, Bergenhusen/Berlin/Husum, Juni 2013, S. 217–236

Länderarbeitsgemeinschaft der Vogelschutzwarten (LAG VSW), Abstandsempfehlungen für Windenergieanlagen zu bedeutsamen Vogellebensräumen sowie Brutplätzen ausgewählter Vogelarten, Berichte zum Vogelschutz (Ber. Vogelschutz) 51 (2014), S. 15–42, abrufbar unter: http://www.vogelschutzwarten.de/downloads/lagvsw2015_abstand.pdf

Mammen, Ubbo/Kerstin Mammen/Nicole Heinrichs/Alexander Resetaritz, Teilprojekt „Rotmilane und Windkraftanlagen – Aktuelle Ergebnisse zur Konfliktminimierung". Präsentation vor der Projektbegleitenden Arbeitsgruppe am 08.11.2010, abrufbar unter: http://bergenhusen.nabu.de/imperia/md/images/bergenhusen/bmuwindkraftundgreifweb site/wka_von_mammen.pdf

Mammen, Kerstin/Ubbo Mammen/Alexander Resetaritz, Rotmilan, in: Hermann Hötker/Oliver Krone/Georg Nehls, Greifvögel und Windkraftanlagen: Problemanalyse und Lösungsvorschläge. Verbundprojekt. Schlussbericht für das Bundesministerium für Umwelt, Naturschutz und Reaktorsicherheit. Michael-Otto-Institut im NABU, Leibniz-Institut für Zoo- und Wildtierforschung, BioConsult SH, Bergenhusen/Berlin/Husum, Juni 2013, S. 13–100

Ministerium für Klimaschutz, Umwelt, Landwirtschaft, Natur- und Verbraucherschutz des Landes Nordrhein-Westfalen (MKULNV)/Landesamt für Natur, Umwelt und Verbraucherschutz des Landes Nordrhein-Westfalen (LANUV), Leitfaden „Umsetzung des Arten- und Habitatschutzes bei der Planung und Genehmigung von Windenergieanlagen in Nordrhein-Westfalen" (Fassung: 12. November 2013), abrufbar unter: http://www.na turschutzinformationen-nrw.de/artenschutz/web/babel/media/20131112_nrw_leitfaden_ windenergie_artenschutz.pdf

Ministerium für Umwelt, Gesundheit und Verbraucherschutz des Landes Brandenburg, Beachtung naturschutzfachlicher Belange bei der Ausweisung von Windeignungsgebieten und bei der Genehmigung von Windenergieanlagen, Erlass vom 01. Januar 2011, abrufbar unter: http://www.mlul.brandenburg.de/media_fast/4055/erl_windkraft.pdf

Niedersächsisches Ministerium für Umwelt, Energie und Klimaschutz (Hrsg.), Leitfaden Umsetzung des Artenschutzes bei der Planung und Genehmigung von Windenergieanlagen in Niedersachsen (Fassung: 12. Februar 2015), abrufbar unter: http://www.umwelt. niedersachsen.de/download/96712/Entwurf_Leitfaden_-_Umsetzung_des_Artenschut zes_bei_der_Planung_und_Genehmigung_von_Windenergieanlagen_in_Niedersach sen_05.05.2015_.pdf

Norgall, A., Revierkartierung als zielorientierte Methodik zur Erfassung der „Territorialen Saison-Population" beim Rotmilan *(Milvus milvus),* Vögel und Umwelt Bd. 8, 1995, Sonderheft, S. 147–164

Pfeiffer, Thomas/Bernd-Ulrich Meyburg, GPS tracking of Red Kites *(Milvus milvus)* reveals fledgling number is negatively correlated with home range size, J. Ornithol, 156 (4) 2015, pp. 963–975 (DOI 10 1007/s10336-015-1230-5)

Rasran, Leonid/Bodo Grajetzky/Ubbo Mammen, Berechnung zur Kollisionswahrscheinlichkeit von territorialen Greifvögeln mit Windkraftanlagen, in: Hermann Hötker/Oliver Krone/Georg Nehls, Greifvögel und Windkraftanlagen: Problemanalyse und Lösungsvorschläge. Verbundprojekt. Schlussbericht für das Bundesministerium für Umwelt, Naturschutz und Reaktorsicherheit. Michael-Otto-Institut im NABU, Leibniz-Institut für Zoo- und Wildtierforschung, BioConsult SH, Bergenhusen/Berlin/Husum, Juni 2013, S. 302–313

Rasran, Leonid/Ubbo Mammen/Bodo Grajetzky, Modellrechnungen zur Risikoabschätzung für Individuen und Populationen von Greifvögeln aufgrund der Windkraftentwicklung. Präsentation vor der Projektbegleitenden Arbeitsgruppe am 08.11.2010, abrufbar unter: http://bergenhusen.nabu.de/imperia/md/images/bergenhusen/bmuwindkraftund greifwebsite/modellrechnungen_band_fl__che_rasran.pdf

Ratzbor, Günter/Dirk Wollenweber/Gudrun Schmal/Katja Lindemann/Till Fröhlich, Grundlagenarbeit für eine Informationskampagne „Umwelt und naturverträgliche Windenergienutzung in Deutschland (onshore)" – Analyseteil, Lehrte, 30. März 2012, abrufbar unter: http://www.wind-ist-kraft.de/grundlagenanalyse/

Autoren

Albrecht, Frank, Dipl.-Ing.
Planer im ländlichen Raum seit 1987; Amt für Landwirtschaft, Flurneuordnung und Forsten (ALFF) Süd Weißenfels seit 1993; ehrenamtliche Tätigkeit in Infrastruktur- und Umweltpolitik in Mitteldeutschland seit 1999.

Bockemühl, Laurens, Maîtrise de géographie (Strb. F)
Seit 1992 Mitarbeit bei FROELICH & SPORBECK Umweltplanung und Beratung, Potsdam; Tätigkeitschwerpunkt: Strategische Umweltprüfung, Umweltverträglichkeitsprüfung, Landschaftspflegerische Begleitplanung, insbesondere in den Bereichen Methodenentwicklung, Verkehr, Deichbau, Windenergie, Energietrassen.

Brandt, Edmund, Prof. Dr.
Inhaber des Lehrstuhls Staats- und Verwaltungsrecht sowie Verwaltungswissenschaften und Geschäftsführender Direktor des Instituts für Rechtswissenschaften an der TU Braunschweig; Leiter der Koordinierungsstelle Windenergierecht (k:wer).

Gaertner, Anne, Master of Science (M. Sc.)
Seit 2014 Mitarbeit bei FROELICH & SPORBECK Umweltplanung und Beratung, Potsdam; Tätigkeitsschwerpunkt: FFH-Verträglichkeitsprüfungen, Artenschutz.

Geßner, Janko
Rechtsanwalt und Fachanwalt für Verwaltungsrecht, DOMBERT Rechtsanwälte, Potsdam; Mitglied im Vorstand des Landesverbandes Berlin-Brandenburg des Bundesverbandes Windenergie.

Ratzbor, Günter, Beratender Ingenieur
Studium Fachhochschule Osnabrück (Landespflege) und Universität Hannover (Landschafts- und Freiraumplanung); seit 1985 selbstständig tätig als geschäftsführender Gesellschafter des Planungsbüros Schmal + Ratzbor (Lehrte); Arbeitsschwerpunkte: Fließgewässerökologie und Wasserbau, die Auseinandersetzung mit den Auswirkungen der Nutzung regenerativer Energien, insbesondere der Windkraftnutzung, sowie planungsrechtliche und methodische Fragestellungen. Ehrenamtlich tätig im BUND (früher BNL) seit 1978; ab 1985 Mitglied im Arbeitskreis Naturschutz des Bundesverbandes und des Landesverbandes Niedersachsen; federführende Mitwirkung bei den BUND-Positionen „Windenergie", „Wasserkraft" und „Nachwachsende Rohstoffe"; 2004 bis 2006 und 2009 bis 2011 Leitung der DNR-Kampagne „Umwelt- und naturverträgliche Nutzung der Windenergie in Deutschland".

Thiele, Jan, Dr.
Seit 2009 Rechtsanwalt, DOMBERT Rechtsanwälte, Potsdam; Tätigkeitsschwerpunkt: Recht der Erneuerbaren Energien, insbesondere im Bereich Windenergie.

Willmann, Sebastian, Ass. iur.
Jurist, Geschäftsführer der Koordinierungsstelle Windenergierecht (k:wer) und wissenschaftlicher Mitarbeiter am Lehrstuhl Staats- und Verwaltungsrecht sowie Verwaltungswissenschaften der TU Braunschweig. Seine Forschungsschwerpunkte liegen im Bereich des Artenschutzes sowie dessen Auswirkungen auf die Planungs- und Genehmigungssituation, insbesondere in Bezug auf die Errichtung von Windenergieanlagen.

Publikationen der Koordinierungsstelle Windenergierecht

Edmund Brandt (Hrsg.)
Jahrbuch Windenergierecht 2014

Mit dem jeweils zum Jahresbeginn vorgelegten Jahrbuch werden vier Ziele verfolgt:
- zu aktuellen Fragen des Windenergierechts Stellung zu nehmen,
- Beiträge zur Konturierung des Rechtsgebiets zu leisten,
- die Entwicklung der Rechtsprechung im jeweiligen Jahr nachzuzeichnen und zu analysieren,
- die im Newsletter WER-aktuell dokumentierten Informationen gebündelt zu präsentieren.

Im Jahrbuch 2014 ranken sich die Fachbeiträge schwerpunktmäßig um die Stellung und Ausformung der Windenergie, um Kleinwindanlagen, um die Vereinbarkeit des EEG mit höherrangigem Recht sowie um die Umsetzung neuerer instrumenteller Anforderungen. In weiteren Beiträgen werden die zentralen Entwicklungslinien der Rechtsprechung herausgearbeitet und (rechts-)politische Entwicklungen, Gerichtsentscheidungen und Literatur dokumentiert.

2015, 342 S., 1 Tab., geb., 55,– €, 978-3-8305-3466-2
eBook PDF 50,99 €, 978-3-8305-2074-0
(k:wer-Jahrbuch)

Janko Geßner, Sebastian Willmann (Hrsg.)
Abstände zu Windenergieanlagen
Radar, Infrastruktureinrichtungen, Vögel und andere (un-)lösbare Probleme?

Der weitere Ausbau der Windenergie sieht sich vor wachsende Herausforderungen gestellt. Die Diskussionen kreisen derzeit vielfach um die Aspekte des Schwingungsschutzes von Freileitungen, der Sicherung des Flugverkehrs sowie des Natur- und Artenschutzes. Den dadurch aufgeworfenen Konflikten hat sich eine gemeinsam von DOMBERT Rechtsanwälte und der Koordinierungsstelle Windenergierecht (k:wer) veranstaltete Tagung gewidmet. Der Tagungsband fasst die Erkenntnisse zusammen und bietet Lösungsansätze für künftige Standortentscheidungen.

2015, 120 S., 4 s/w Abb., 10 farb. Abb., 1 Tab., geb., 29,– €, 978-3-8305-3391-7
eBook PDF 25,99 €, 978-3-8305-2033-7
(k:wer-Schriften)

BWV • BERLINER WISSENSCHAFTS-VERLAG
Markgrafenstraße 12–14 • 10969 Berlin • Tel. 030/84 17 70-0 • Fax 030/84 17 70-21
E-Mail: bwv@bwv-verlag.de • Internet: www.bwv-verlag.de

Edmund Brandt (Hrsg.)

Das Spannungsfeld Windenergieanlagen – Naturschutz in Genehmigungs- und Gerichtsverfahren
Probleme (in) der Praxis – Methodische Anforderungen – Lösungsansätze

Welchen Stellenwert Naturschutzbelange bei der Errichtung und dem Betrieb von Windenergieanlagen besitzen, beschäftigt seit Jahren Genehmigungsbehörden und Gerichte. Unklar ist in dem Zusammenhang nicht nur, von welchen rechtlichen Anforderungen auszugehen ist, sondern auch, wie naturschutzfachliche Erkenntnisse für den Entscheidungsprozess fruchtbar gemacht werden können. Vor diesem Hintergrund wird in der vollständig überarbeiteten Neuauflage versucht, insbesondere in methodischer Hinsicht die Diskussion voranzubringen. Dazu werden zunächst grundsätzliche Anforderungen an Interdisziplinarität in Genehmigungs- und Gerichtsverfahren diskutiert (Brandt). Speziell auf das Verhältnis Artenschutz und Windenergie ausgerichtet ist die Erläuterung der rechtlichen Rahmenbedingungen (Willmann). Sodann werden naturschutzfachliche Grundlagen zu naturschutzrechtlichen Entscheidungen behandelt (Ratzbor). Schließlich werden Überlegungen zur qualitativen und quantitativen Risikoanalyse im Zusammenhang mit der Beurteilung von Rotmilan-Kollisionsrisiken an Windenergieanlagen entwickelt (Schlüter).

2. Aufl., 2015, 138 S., 23 s/w Abb., 4 farb. Abb., 1 Tab., geb., 29,– €, 978-3-8305-3392-4
`eBook PDF` 25,99 €, 978-3-8305-2095-5
(k:wer-Schriften)

Jörg Böttcher (Hrsg.)

Rechtliche Rahmenbedingungen für EE-Projekte

Dieser Sammelband befasst sich mit den rechtlichen Rahmenbedingungen, die bei der Realisierung von Erneuerbare-Energien-Projekten zu beachten sind. Folgende Fragen beschäftigen alle Stakeholder:

- Kann staatlichen Zusagen vertraut werden oder besteht die Gefahr einer nachträglichen Änderung des Regulierungsumfeldes?
- Welche rechtlichen Konsequenzen ergeben sich durch den globalen Trend einer Ablösung von Festpreissystemen durch marktbasierte Systeme?
- Was sind die Erwartungen der Banken an eine Projektfinanzierung?
- Welche länderspezifischen Besonderheiten bestehen und was sind die Konsequenzen für die Projektrealisierung und Projektdurchführung?

Im ersten Teil werden länderübergreifende Fragestellungen thematisiert, im zweiten Teil werden die rechtlichen Rahmenbedingungen in ausgewählten Ländern vorgestellt, u. a. Deutschland, Frankreich, Großbritannien und Spanien. Bei den Autoren handelt es sich ausnahmslos um erfahrene Juristen, die eine langjährige praktische Erfahrung aufweisen.

2015, 492 S., dt./engl., 23 s/w Abb., 29 Tab., geb., 79,– €, 978-3-8305-3312-2
`eBook PDF` 69,99 €, 978-3-8305-2018-4
(k:wer-Schriften)

BWV • BERLINER WISSENSCHAFTS-VERLAG

Markgrafenstraße 12–14 • 10969 Berlin • Tel. 030/84 17 70-0 • Fax 030/84 17 70-21
E-Mail: bwv@bwv-verlag.de • Internet: www.bwv-verlag.de